Felix Klein

Einleitung in die analytische Mechanik

Vorlesung, gehalten in Göttingen 1886/87

Herausgegeben und bearbeitet von E. Dietzel und M. Geisler

Mit einem Beitrag von F. König

Der vorliegende Band enthält den Abdruck der bisher unveröffentlichten Vorlesung „Einleitung in die analytische Mechanik“, die Felix Klein im Wintersemester 1886/87 gehalten hat. Klein, der immer auch Interesse für Physik zeigte, konnte sich in seinem ersten Göttinger Jahr damit einen langgehegten Wunsch erfüllen.
Der Inhalt der Vorlesung entspricht etwa dem eines Anfängerkurses auf dem Gebiet der theoretischen Mechanik. Der Text überzeugt auch heute noch durch seine moderne und anschauliche Darstellung und durch die vielen behandelten Beispiele. Als Quellen für die Herausgabe dieses Bandes dienten das Manuskript aus dem Nachlaß Kleins und vor allem eine handschriftliche Vorlesungsausarbeitung seines Schülers F. Pockels.

Springer Fachmedien Wiesbaden GmbH

Verlag und Herausgeber danken Herrn Dr. H. ROHLFING, Handschriftenabteilung der Niedersächsischen Staats- und Universitätsbibliothek Göttingen, für die Bereitstellung einer vollständigen Kopie der handschriftlichen Vorlesungsvorbereitung FELIX KLEINS (siehe auch die Seiten 140, 141, 142).
Das Foto auf Seite 4 stellte freundlicherweise das Archiv für Geschichte der Naturforschung und Medizin, Deutsche Akademie der Naturforscher Leopoldina Halle/Saale, zur Verfügung (Matrikel-Mappe: 2581).
Der Verlag dankt außerdem der Leipziger Universitätsbibliothek (Außenstelle an der Sektion Mathematik der Leipziger Universität), insbesondere Frau I. LETZEL, für vielfältige Unterstützung.

CIP-Titelaufnahme der Deutschen Bibliothek

Einleitung in die analytische Mechanik : Vorlesung, gehalten in Göttingen 1886/87 / Felix Klein. Hrsg. und bearb. von E. Dietzel und M. Geisler. Mit einem Beitr. von F. König. – Stuttgart ; Leipzig : Teubner, 1991
(Teubner-Archiv zur Mathematik ; Bd. 15)

ISBN 978-3-8154-2013-3 ISBN 978-3-322-92385-1 (eBook)
DOI 10.1007/978-3-322-92385-1

NE: Klein, Felix; König, Fritz; Dietzel, Ernst [Bearb.]; GT

TEUBNER-ARCHIV zur Mathematik · Band 15
ISSN 0233-0962

Ursprünglich erschienen bei B. G. Teubner Verlagsgesellschaft mbH, Stuttgart · Leipzig 1991
Softcover reprint of the hardcover 1st edition 1991

Gesamtherstellung: INTERDRUCK Leipzig GmbH

The present volume is based on lectures with the title "Introduction to analytical mechanics" given by Felix Klein in the winter term 1886/87. Klein, who was also interested in physics, was able in his first year in Göttingen to achieve his long-standing ambition to give such a course. Its content corresponds to a course for beginners in the field of theoretical mechanics. The text also impresses us today by its modern and clear representation and the many examples discussed. The manuscript of Klein and above all the notes of his pupil F. Pockels serve as the basis for this volume.

Le présent volume contient la reproduction des cours intitulés «Introduction à la mécanique analytique» donnés par Felix Klein pendant le semestre d'hiver 1886/87. Klein, qui montrait toujours un intérêt particulier pour la physique, put réaliser avec ces cours un projet qu'il caressait depuis longtemps.

Le contenu correspond à peu près à un cours d'introduction sur la mécanique théorique. Le texte est, aujourd'hui encore, très convaincant de par une présentation moderne et intuitive et de par de nombreux exemples traités. Le manuscript de Klein et surtout les notes prises pendant les cours par son étudiant F. Pockels sont les sources qui ont été utilisées pour ce volume.

В настоящем томе публикуется лекция Феликса Клейна „Введение в аналитическую механику", прочитаниая в зимнем семестре 1886/87 г.г. Клейн, который в течение многих лет интересовался такше физикой в этом году в Геттингене в первые смог осуществить свое желание читать лекции по физике.

Содершаные лекции соответствует начальному курсу теоретической механики. Она представляет интерес и сегодня благодаря современному и ясному стилю изложения и многочисленым примерам. При подготовке этого тома была использована рукопись работы Клейна и, прежде всего, конспект его лекции, записанный, существенно переработанный и дополненный его учеником Ф. Поккельсом.

Geleitwort

In vergangenen Jahrhunderten war die enge Verbindung zwischen Mathematik und Physik eine Selbstverständlichkeit, gleichermaßen für Mathematiker und Physiker. Erst zu Beginn unseres Jahrhunderts ging dieser innige Kontakt verloren, Mathematiker und Physiker wandelten auf getrennten Wegen. Natürlich gab es rühmliche Ausnahmen, allen voran die Verwendung der (pseudo-)Riemannschen Geometrie in der Allgemeinen Relativitätstheorie durch A. Einstein und die Schaffung der abstrakten Hilbertraumtheorie als Grundlage der Axiomatisierung der Quantenmechanik durch J. v. Neumann.

Die normalen Mathematiker und Physiker betrachteten diese Geniestreiche ihrer Großen mit ehrfurchtsvoller Bewunderung und einer hieraus resultierenden angemessenen Distanz. Erst in den letzten 20–30 Jahren änderte sich das: Moderne Hilfsmittel der Mathematik dringen in die Physik ein und prägen mehr und mehr das Bild der heutigen theoretischen Physik. Parallel dazu setzte eine Rückbesinnung ein, gemäß einer Bemerkung von A. N. Kolmogorov, wonach die Alten eigentlich schon Alles gewußt haben. Besonderes Interesse findet hierbei F. Klein, nicht nur wegen der Originalität seiner Beiträge zur Mathematik, sondern auch wegen seiner bis ins Detail ausgefeilten Vorlesungen. Seine hier vorgelegte Analytische Mechanik ist dafür ein gutes Beispiel. Sie zeigt aber auch die enge Verbindung von Mathematik und Physik, wie sie zu jener Zeit durchaus üblich war.

Die Lektüre mathematischer Werke der Vergangenheit ist oft mühsam: Die Symbolik hat sich geändert, die Gewichte innerhalb der Mathematik haben sich verschoben, und vieles ist einfach aus der Mode gekommen. Gelegentlich stellt man aber auch mit einer gewissen Verblüffung fest, wie aktuell und leicht verständlich Mathematik ist, die vor über 100 Jahren zu Papier gebracht wurde. Der hier vorgelegte Band ist dafür ein bemerkenswertes Beispiel. Auch der heutige Mathematiker und Physiker, nicht nur der historisch interessierte, kann der Darstellung leicht folgen und Wissen erwerben, das auch heute nützlich ist. Weitere Einzelheiten zum Buch und zur Einordnung in das Gesamtwerk von F. Klein kann man dem lesenswerten Vorwort der Herausgeber sowie dem Beitrag von F. König entnehmen. Dem Verlag gebührt der Dank, sich dem Werk von F. Klein in besonderer Weise angenommen zu haben.

Jena, Juli 1990 Hans Triebel

Felix Klein.
G. BROKESCH
1885.
LEIPZIG.

Inhalt

Vorwort der Herausgeber

Erneut wird im „TEUBNER-ARCHIV zur Mathematik" eine Vorlesung des bedeutenden Mathematikers Felix Klein ediert. Standen bisher Kleins funktionentheoretische Arbeiten im Mittelpunkt, so soll hier eine weitere Seite seines Schaffens aufgezeigt werden: die Physik.

Er selbst hat dazu rückblickend geschrieben: „Ostern 1886 bin ich endgültig nach Göttingen zurückgekehrt. Ich erfaßte wieder ein neues Arbeitsprogramm. Da Schwarz neben mir den Hauptteil des Unterrichts bestritt, konnte ich die alten Ideen meiner Bonner Studienzeit erneut aufnehmen und mich der Physik wieder annähern, indem ich allgemeine Vorlesungen über Mechanik, Potentialtheorie usw. hielt" (Klein, F.: Gesammelte mathematische Abhandlungen, 2. Band. Berlin: Springer-Verlag 1922, S. 259.)

Kleins Vorlesung „Einleitung in die analytische Mechanik" stammt aus dem Wintersemester 1886/87, also gleich aus seinem ersten Jahr an der Göttinger Universität. Er behandelt darin wesentliche Inhalte der theoretischen Mechanik, wie sie auch heute noch in allen einschlägigen Lehrbüchern zu finden sind. Dem Leser wird deutlich, daß die „moderne" Forderung, für Mathematiker ein breites naturwissenschaftliches Studium anzustreben, keineswegs erst in unseren Tagen erhoben worden ist.

Zur Herausgabe dieses Bandes standen uns zwei Quellen zur Verfügung: die Kopie der Vorlesungsvorbereitung von Felix Klein und eine sehr gewissenhaft abgefaßte, ebenfalls handschriftlich vorliegende Ausarbeitung dieser Vorlesung, die von Friedrich Pockels, einem Schüler Kleins, angefertigt wurde. Das Original der Kleinschen Vorbereitung wird in der Handschriftenabteilung der Niedersächsischen Staats- und Universitätsbibliothek in Göttingen aufbewahrt. Die handschriftliche Ausarbeitung von F. Pockels wurde der Universität Jena durch eine Schenkung von Prof. Dr. Robert Haussner, der bis 1934 Direktor des Mathematischen Instituts war, zur Verfügung gestellt. Wir haben uns eng an diesen nahezu druckreifen Text von Pockels gehalten, und es ist nicht auszuschließen, daß bereits damals eine Veröffentlichung geplant war. Charakteristisch für Kleins Wirken als Hochschullehrer war, daß er seine Schüler nachhaltig inspirierte: „Auf dem Gebiete der Differentialgleichungen mögen neben meinen weiteren Aufsätzen über Lamésche Funktionen, hypergeometrische Funktionen und Oszillationsfragen hier gleich folgende zwei Bücher genannt werden: Pockels, Über die partielle Differentialgleichung $\Delta u + k^2 u = 0$ und deren Auftreten in der mathematischen Physik (Leipzig 1891), und Bôcher, Über die Reihenentwicklungen der Potentialtheorie (Leipzig 1894), welche beide aus von mir gehaltenen Vorlesungen entstanden sind, wie die Verfasser im einzelnen belegen, und von denen ich das erste außerdem mit eigenen Bemerkungen versehen habe" (a. a. O., S. 507 f.).

Editionsprinzipien

Bei der Publikation von historischen Manuskripten stehen die Herausgeber naturgemäß vor folgendem Problem: einerseits soll dem Leser der Zugang nicht durch

Sprachhürden in Gestalt heute ungebräuchlicher Orthographie und Ausdrucksweisen verstellt werden, andererseits ist es ebenso reizvoll wie notwendig, den Zeitgeist der Arbeiten zu erhalten.

Die Entscheidung über das „Wie" ist also stets ein Kompromiß und zudem eine Geschmacksfrage. Wir haben in der vorliegenden Ausgabe die Orthographie dem heutigen Standard angepaßt, Satzbau und Wortwahl jedoch – bis auf wenige Ausnahmen – nicht verändert. Dieser „Weg der Mitte" bringt es mit sich, daß hier einige der damals üblichen Begriffe aus der theoretischen Mechanik verwendet werden, die inzwischen durch gänzlich andere ersetzt worden sind. So finden sich beispielsweise in vorliegendem Text lebendige Kraft für kinetische Energie, Kräftefunktion für potentielle Energie, Bewegungsquantität für Impuls, Impulsmoment für Drehimpuls, impulsives Paar für Drehmoment usw. Eine „Übersetzung" in die gebräuchliche Terminologie findet der Leser im Sachwortverzeichnis, das auf dem Originaltext basiert. Nur in einem Fall haben wir die heute mißverständliche Bezeichnung Integralgleichung für die Lösung einer Differentialgleichung durch den Ausdruck „integrierte Gleichung" ersetzt.

Die instruktiven Skizzen, von POCKELS meist auf dem Rand plaziert, wurden an den entsprechenden Stellen im Text untergebracht. Eine nachträgliche Numerierung erfolgte nicht, weil auf die Skizzen im Text nicht verwiesen wird. Die Gestaltung der Abbildungen folgt ganz dem Original. Eine Modernisierung haben wir vermieden, auch wenn die Verwendung des Linkssystems für Raumkoordinaten dem akademischen Rechtshänder ungewöhnlich erscheinen mag. Ebenso ist die Numerierung der Formeln unverändert beibehalten worden. Die Schreibweise von Formeln und die Symbolik blieben ebenfalls ohne Änderung. Die gehäufte Mehrfachbenutzung von Symbolen – beispielsweise steht T, offenbar ein Lieblingsbuchstabe des Verfassers, für kinetische Energie, Periodendauer, Trägheitsmoment und Spannung – ist auch in modernen Fachtexten keine Seltenheit. Außerdem haben wir das Unterstreichen von einzelnen Begriffen im wesentlichen übernommen. Weiterhin geht die Hervorhebung wichtiger Aussagen durch Anführungsstriche auf F. POCKELS zurück. KLEINS bibliographische Angaben zu Beginn des Manuskriptes wurden stillschweigend hinsichtlich Erscheinungsort und -jahr vervollständigt.

Inhaltliches und Stilistisches

Inhalt und Darstellung der theoretischen Mechanik in dieser Vorlesung FELIX KLEINS weichen in mehreren Punkten von der heute in Physikerkreisen gebräuchlichen, praktisch kanonisierten Form ab. Beispielsweise fehlen der Lagrange I- und Lagrange II-Formalismus. Da die Vorlesung vor etwa 100 Jahren entstanden ist, sucht man auch die Verwendung des heute nur bei Strafe verschweigbaren Variationsprinzips und die damit eng verknüpfte Hamilton-Jacobi-Theorie vergebens. Zwar hatten EULER, LAGRANGE, JACOBI und HAMILTON die Integralprinzipien der Mechanik aufgespürt, allgemeinen Einzug in das Bildungsprogramm von Physikern und Mathematikern hielt dieses Konzept jedoch erst allmählich um die Jahrhundertwende. Der dafür mitverantwortliche „Bestseller" von H. HERTZ „Die Prinzipien der Mechanik" erschien 1894 in Leipzig. Auch ein Hinweis auf die mittlerweile zur Selbstverständlichkeit gewordene Beziehung zwischen Symmetrie der Lagrangefunktion und Erhaltungssätzen muß fehlen, weil die entscheidende Idee von EMMY NOETHER erst etwa zwei Jahrzehnte später geliefert wurde.

Statt dessen findet der Leser, gleichsam als ausgleichende Gerechtigkeit, sehr viele durchgerechnete Anwendungsbeispiele in bemerkenswerter Ausführlichkeit. Probleme der Planetenbewegung, der Einfluß der Erdrotation auf Bewegungen nahe der Erdoberfläche sowie das Kreiselproblem werden umfassend erörtert. Die gründliche und praxisorientierte Darstellung der Statik ist fast eine Rarität und wird heute keinem Physikstudenten mehr geboten.

KLEIN stellt den Stoff in streng induktiver Manier dar und arbeitet sich behutsam bis zum d'Alembertschen Prinzip vor. Besondere Betonung verdient die geometrisch-anschauliche Methode, mit der er den Leser mit der Materie vertraut macht und die didaktisch sehr überzeugend wirkt. Durch zahlreiche Wiederholungen, insbesondere von Formeln, ist der Text ungewohnt, aber wohltuend redundant. Einer mühevollen Suche nach früher Hergeleitetem braucht sich der Leser auf keiner Seite zu unterziehen.

Am zeitgenössischen Geschmack gemessen, erscheint die begriffliche Strenge gelegentlich unterentwickelt. Der Vektorbegriff wird z. B. nur grob anschaulich eingeführt, zum Teil findet man keine saubere Trennung zwischen Vektor, Betrag desselben, Komponenten usw. Der Umgang mit Differentialen erschreckt den sensiblen Mathematiker gelegentlich, ist aber heute noch gängige Physikermanier (und das nicht ohne Grund!). Häufig wird auch zwischen Summation diskreter Größen und Integration nicht unterschieden, ohne damit jedoch die Klarheit der Darstellung zu beeinträchtigen. Auch die Behandlung der virtuellen Verrückungen erscheint mitunter etwas lax.

Mit einer zum Teil umständlichen Formelschreibweise, etwa dem Verzicht auf die kompakte Schreibweise mit Vektoren, Kreuzprodukt usw., findet man sich gewiß schnell ab. Der vorgebildete Leser wird den Begriff des Trägheitstensors vermissen, lernt dafür jedoch ungewöhnlich viel über die Mysterien der Kreiselbewegung.

Bemerkungen zum potentiellen Leserkreis

Zum Verständnis der vorliegenden Vorlesung sind im wesentlichen nur Grundkenntnisse aus der Differential- und Integralrechnung, aus der analytischen Geometrie und über gewöhnliche Differentialgleichungen erforderlich. Physikalische Vorkenntnisse, die den Schulstoff übersteigen, werden praktisch nicht benötigt. Das macht den Text für Mathematik- und Physikstudenten, aber auch für interessierte Schüler, zu einem lesbaren und interessanten Einstieg in die theoretische Mechanik.

Möglich erscheint auch, daß angehende Ingenieure gern zu dieser Vorlesung greifen, die in einem problemorientierten Stil geschrieben ist und einen relativ umfänglichen, heute noch sehr interessanten Statikpart enthält. Auch der weniger wissenschaftshistorisch interessierte Mathematiker oder Physiker findet in diesem Manuskript zahlreiche liebevoll und gründlich durchgerechnete Beispiele, die in modernen Darstellungen aus Platzgründen oft nicht zu finden sind.

Jena, Juni 1990

ERNST DIETZEL
MICHAEL GEISLER

Einleitung
in die
Analytische Mechanik

Vorlesung von Herrn Professor F. Klein, gehalten im
Wintersemester 1886/87 in Göttingen.

Titelseite der handschriftlichen Ausarbeitung von F. Pockels

v_0 sei die Anfangsgeschwindigkeit des Planeten $\perp r_0$. So ist

$$2\mathfrak{E} = v_0^2 - \frac{2M}{r_0}$$

$$\mathfrak{E}' = r_0 v_0$$

folglich $e = \sqrt{1 + \frac{2 r_0^2 v_0^2 \left(v_0^2 - \frac{2M}{r_0}\right)}{M^2}}$

1. Es sei zunächst v_0 sehr klein; dann ist die Bahn eine sehr gestreckte Ellipse (im Grenzfall $v_0 = 0$ ist $e = 1$, die Bahn eine Doppellinie)

Bei wachsendem v_0 wird die Ellipse kreisähnlicher, und

2. für $v_0 = \sqrt{\frac{M}{r_0}}$ wird $e = 0$, d.h. die Bahn ein Kreis, welcher natürlich mit constanter Geschwindigkeit durchlaufen wird; die Centrifugalkraft ist dann $= \frac{m v_0^2}{r} = \frac{mM}{r_0^2}$, d.h. = der Sonnenanziehung.

3. $v_0 = \sqrt{\frac{2M}{r_0}}$ macht $\mathfrak{E} = 0$, $e = 1$, man erhält eine Parabel; zwischen beiden Fällen liegen Ellipsen, deren anderer Brennpunkt [illegible] liegt. (Bei schwachen Anfangsgeschw. ist die Anfangslage das Aphel, bei grösserer das Perihel).

Für noch grösseres v_0 erhält man Hyperbeln.

Es kommt nun darauf an, auch t zu bestimmen.

$$\left(\frac{dr}{dt}\right)^2 + \frac{1}{r^2}\mathfrak{E}'^2 = \frac{2M}{r} + 2\mathfrak{E}$$

$$dt = \frac{dr}{\sqrt{-\frac{\mathfrak{E}'^2}{r^2} + \frac{2M}{r} + 2\mathfrak{E}}}$$

tale Function von r: $t = \int_{r_0}^{r} \frac{r\,dr}{\sqrt{-\mathfrak{E}'^2 + 2Mr + 2\mathfrak{E}r^2}} + t_0$

Es ist aber nothwendig, φ als Function von t zu ermitteln; dies geschieht nach der Kepler'schen Methode, die auf die Kepler'sche Gleichung führende [illegible]

Textseite aus der handschriftlichen Ausarbeitung von F. POCKELS

Einleitung in die analytische Mechanik

Vorlesung FELIX KLEINS, gehalten während des Wintersemesters 1886/87 an der Universität Göttingen

Für den Druck bearbeitet von ERNST DIETZEL und MICHAEL GEISLER

nach einer Vorlesungsausarbeitung von FRIEDRICH POCKELS unter Verwendung der handschriftlichen Vorlesungsvorbereitung FELIX KLEINS

Literatur:[1])

JACOBI, C. G. J.: Vorlesungen über Dynamik. Berlin 1866.

MÖBIUS, A. F.: Lehrbuch der Statik. Leipzig 1837.

KIRCHHOFF, G. R.: Vorlesungen über mathematische Physik, Bd. 1, Mechanik. Leipzig 1883.

SCHELL, W.: Theorie der Bewegung und der Kräfte. Leipzig 1870.

SOMOFF, J. L.: Theoretische Mechanik. Leipzig 1878/79.

DESPEYROUS, T.: Course de mécanique. Paris 1884.

MACH, E.: Die Mechanik in ihrer Entwicklung. Leipzig 1883.

---

[1]) Anmerkungen der Herausgeber:
Die folgenden vier Literaturhinweise sind subjektiv ausgewählt; eine "vollständige" Liste würde den Umfang dieser Ausgabe sprengen. Sie sind für den interessierten Newcomer als Wegweiser gedacht. SOMMERFELD und JOOS bieten die klassische Exposition, LANDAU und LIFSCHITZ die moderne Sicht in kurzer Eleganz. ARNOL'D hingegen dürfte vor allem den Mathematiker faszinieren:

ARNOL'D, V. I.: Mathematische Methoden der klassischen Mechanik. Berlin 1988.
JOOS, G.: Lehrbuch der theoretischen Physik. Leipzig 1959.
LANDAU, L. D.; LIFSCHITZ, E. M.: Lehrbuch der theoretischen Physik, Bd. 1, Mechanik. Berlin 1971.
SOMMERFELD, A.: Vorlesungen über theoretische Physik, Bd. 1, Mechanik. Leipzig 1968.

I. Statik

§1. Zusammensetzung der an einem Punkt angreifenden Kräfte

Zwei an einem Punkt angreifende Kräfte sind, wenn man die Kräfte durch Strecken darstellt, ersetzbar durch die Diagonale des aus ihnen gebildeten Parallelogramms.

Beweise dieses Sachverhaltes findet man bei MÖBIUS und DESPEYROUS. Eine andere Ausdrucksweise dieses Satzes lautet: "Man findet die Resultante zweier Kräfte, die an einem Punkt angreifen, indem man die zwei Kräfte durch Strecken darstellt und diese Strecken addiert."

1) Größe der Resultante $P = \sqrt{P_1^2 + P_2^2 + 2P_1P_2 \cos\alpha}$.

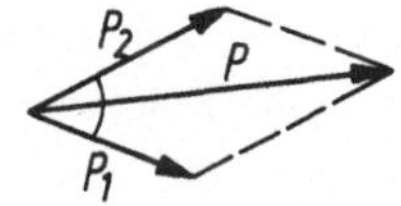

Statt die Resultante aus n Kräften zu suchen, kann man fragen, wie eine (n+1)-te anzubringen ist, damit die (n+1) Kräfte im Gleichgewicht sind.

Wann sind drei Kräfte im Gleichgewicht?

Drei Kräfte P, P_1, P_2 sind im Gleichgewicht, wenn sie der Größe und Richtung nach gegeben werden können durch die Seiten eines im bestimmten Sinne zu durchlaufenden Dreiecks. Das Hilfsdreieck hat die Nebenwinkel von α, α_1, α_2 als Innenwinkel.

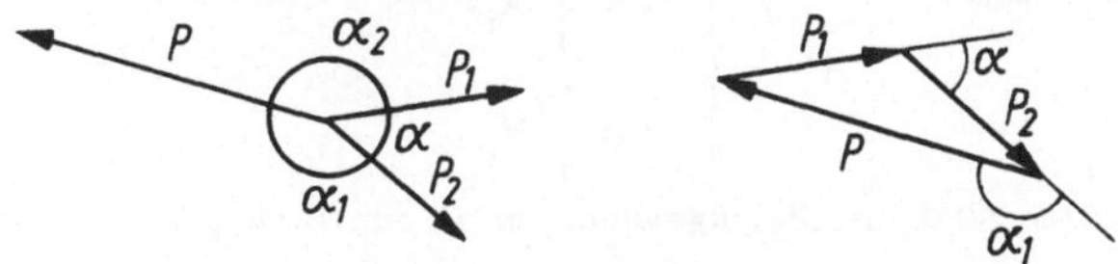

"Drei Kräfte an einem Punkt sind im Gleichgewicht, wenn sie in einer Ebene liegen und sich verhalten, wie die Sinus der gegenüberliegenden Winkel"

2) $P : P_1 : P_2 = \sin\alpha : \sin\alpha_1 : \sin\alpha_2$.

Zusammensetzung mehrerer Kräfte an einem Punkt

Man zieht von einem Hilfspunkt aus die Strecke P_1, setzt daran P_2 usw. im richtigen

Sinne. Verbindet man den Endpunkt mit dem Anfangspunkt, so erhält man die Resultante oder die das Gleichgewicht haltende Kraft. Also: n Kräfte, die in einer Ebene gelegen an einem Punkt angreifen, sind im Gleichgewicht, wenn sich ihr "Kräftepolygon" schließt. Will man die Resultante finden, so hat man die letzte Seite des Kräftepolygons, im richtigen Sinne genommen, nach dem Angriffspunkt zurückzuversetzen. "Beliebig viele in einer Ebene an einem Punkt angreifende Kräfte sind im Gleichgewicht, wenn die Summe der Strecken, durch welche man die Kräfte geometrisch darstellen kann, verschwindet."

Zerlegung einer gegebenen Kraft nach zwei gegebenen Richtungen

"Jede Kraft kann durch zwei nach gegebenen Richtungen wirkende Komponenten ersetzt werden."

Es werden die zueinander rechtwinkligen Koordinatenachsen x, y eingeführt und die Kräfte in die Komponenten nach diesen Richtungen zerlegt: X, Y seien die Koordinaten einer Kraft.

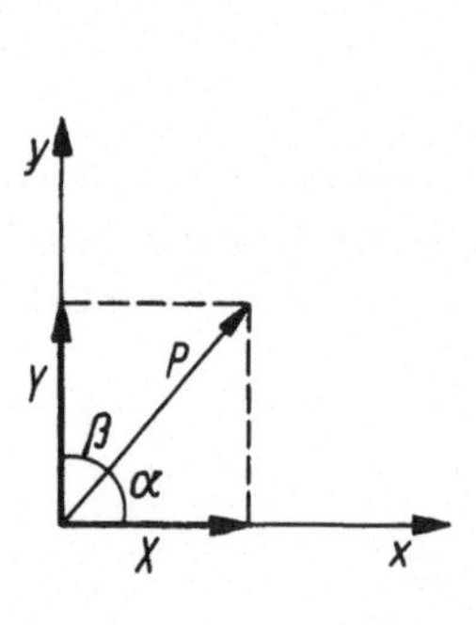

$$3)\quad \begin{cases} X = P\cdot\cos\alpha, \\ Y = P\cdot\cos\beta, \\ X^2 + Y^2 = P^2, \quad P = \sqrt{X^2 + Y^2}. \end{cases}$$

Wirken n Kräfte, deren Komponenten $X_1, Y_1, \ldots, X_n, Y_n$ sind, so sind die Komponenten der Resultante

$$\sum_1^n X_i, \ \sum_1^n Y_i.$$

$$4)\quad \begin{cases} X = \sum_1^n X_i, \\ Y = \sum_1^n Y_i. \end{cases}$$

Die n gegebenen Kräfte sind im Gleichgewicht unter den Bedingungen:

$$5)\quad \sum_1^n X_i = 0, \quad \sum_1^n Y_i = 0.$$

Satz vom Parallelepiped der Kräfte

Wenn drei Kräfte, die nicht in einer Ebene liegen, an einem Punkt angreifen, so ist, wenn man die Kräfte durch Strecken darstellt, die Diagonale des Parallelepipeds, welches die Kräfte zu Kanten hat, die Resultante.

"Drei Kräfte, die auf einen Punkt O im Raume wirken, setzt man zusammen, indem man aus den entsprechenden Strecken das Parallelepiped konstruiert und in diesem die von O auslaufende Diagonale zieht."

Oder: "Die Resultante wird geometrisch durch diejenige Strecke dargestellt, welche die Summe derjenigen Strecken ist, welche P_1, P_2 und P_3 darstellen."

Man kann diesen Satz anwenden, um im Raume eine an einem Punkt angreifende Kraft in ihre Komponenten nach drei fixierten Richtungen zu zerlegen. Die Komponenten einer Kraft P, welche mit den x,y,z-Achsen einen Winkel α, β und γ bildet, sind:

$$6)\quad \begin{cases} X = P \cdot \cos\alpha, \\ Y = P \cdot \cos\beta, \qquad P = \sqrt{X^2 + Y^2 + Z^2}, \\ Z = P \cdot \cos\gamma. \end{cases}$$

Die Komponenten der Resultante aus beliebig vielen in O angreifenden Kräften lauten:

$$7)\quad \begin{cases} X = \sum_1^n X_i, \\ Y = \sum_1^n Y_i, \\ Z = \sum_1^n Z_i. \end{cases}$$

Die Gleichgewichtsbedingung für n Kräfte an einem Punkt ist:

$$8)\quad \begin{cases} \sum_1^n X_i = 0, \\ \sum_1^n Y_i = 0, \\ \sum_1^n Z_i = 0. \end{cases}$$

§2. Kräfte, die in einer Ebene an einem starren Körper angreifen

(Zusammensetzung der Kräfte an ebenen Systemen)

Erstes Prinzip: Man darf den Angriffspunkt einer an einem starren Körper wirkenden Kraft in ihrer Richtung beliebig verschieben.

Zweites Prinzip: Man kann entgegengesetzt gleiche Kräfte beliebig dem gegebenen System hinzufügen, ohne die Wirkung zu ändern.

Zusammensetzung zweier nicht paralleler Kräfte:

Man verschiebt die Angriffspunkte in den Schnittpunkt und bestimmt die Resultante nach dem Parallelogramm der Kräfte.

Begriff des Momentes einer Kraft in bezug auf einen Punkt:

Das Moment ist das Produkt aus der Kraft und dem Hebelarm.

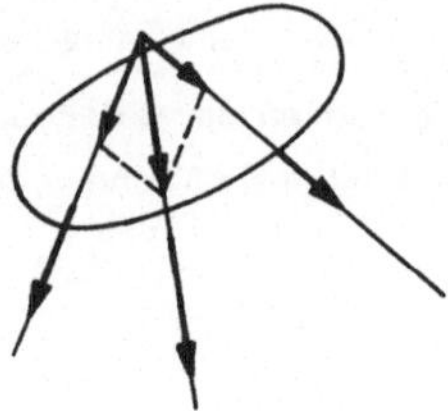

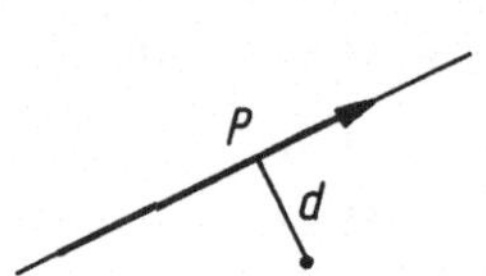

9) $L = P \cdot d.$

Es folgt aus dem Parallelogramm der Kräfte, daß:

10) $L = L_1 + L_2.$

Beweis:

Inhalt von $\Delta OMa_1 = \frac{1}{2}P_1 d_1 = \frac{1}{2}L_1$,

Inhalt von $\Delta OMa = \frac{1}{2}Pd = \frac{1}{2}L$,

Inhalt von $\Delta OMa_2 = \frac{1}{2}Pd_2 = \frac{1}{2}L_2$.

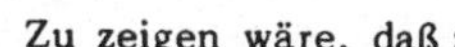

Zu zeigen wäre, daß :

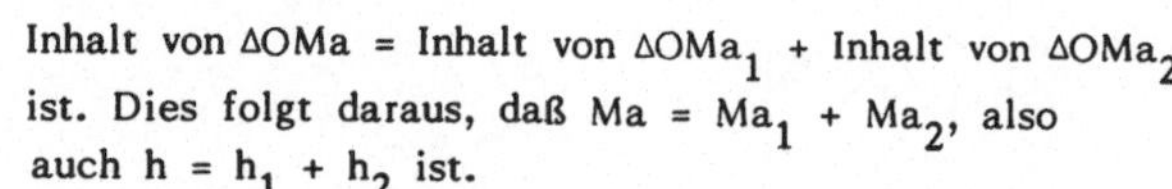

Inhalt von ΔOMa = Inhalt von ΔOMa_1 + Inhalt von ΔOMa_2 ist. Dies folgt daraus, daß $Ma = Ma_1 + Ma_2$, also auch $h = h_1 + h_2$ ist.

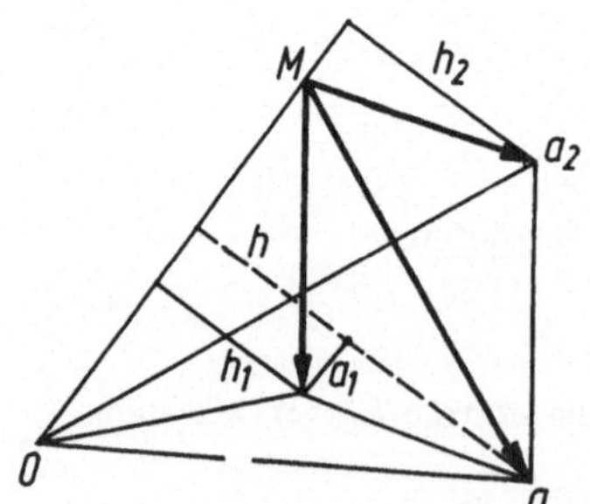

"Das Moment der Resultante in bezug auf einen beliebigen Punkt der Ebene ist gleich der Summe der Momente der Teilkräfte." Läßt man den Schnittpunkt O ins Unendliche rücken, so bleibt immer $L = L_1 + L_2$; hieraus läßt sich die Resultante zweier paralleler Kräfte berechnen.

"Die Resultante zweier paralleler Kräfte ist ihnen wieder parallel und gleich ihrer Summe, und es ist

11) $$d = \frac{P_1 d_1 + P_2 d_2}{P_1 + P_2} \qquad P = P_1 + P_2$$ (Hebelgesetz)."

Will man den Grenzübergang vermeiden, so fügt man zwei entgegengesetzt gleiche Kräfte hinzu, die in den Angriffspunkten in deren Verbindungslinie wirken und konstruiert dann die Resultante R wie früher bei nicht parallelen Kräften. Dann ist zu beweisen, daß

$$R = P_1 + P_2, \quad R \parallel P_1 \quad \text{und } R \parallel P_2 \quad \text{sowie } d = \frac{P_1 d_1 + P_2 d_2}{P_1 + P_2}$$

ist.

Zwei entgegengesetzt gleiche parallele Kräfte haben also eine unendlich ferne und unendlich kleine Resultante. Diese unendlich kleine und unendlich ferne Kraft besitzt in bezug auf den Anfangspunkt das völlig bestimmte Moment $P_1(d_1 - d_2)$; dasselbe ist also gleich der Einzelkraft multipliziert mit dem Abstand beider. Man nennt daher zwei solche Kräfte ein Paar.

Definition: "Ein Kräftepaar (couple) ist die Verbindung zweier entgegengesetzt gleicher Parallelkräfte, unter dessen Moment versteht man das Produkt der Intensität P_1 der Einzelkraft mit dem Abstand d der beiden Parallellinien."

"Ein Kräftepaar hat in Bezug auf alle Punkte der Ebene dasselbe Moment."

Es sei (x_0, y_0) ein beliebiger Punkt der Ebene; d bilde mit den Koordinatenachsen die Winkel a und b.

Die Gleichung der Linie P ist dann

$$x \cos a + y \cos b = d.$$

Folglich ist $d_0 = d - x_0 \cos a - y_0 \cos b$.
Oder da $\sin\alpha = \cos a$, $\cos\alpha = -\sin a = -\cos b$:

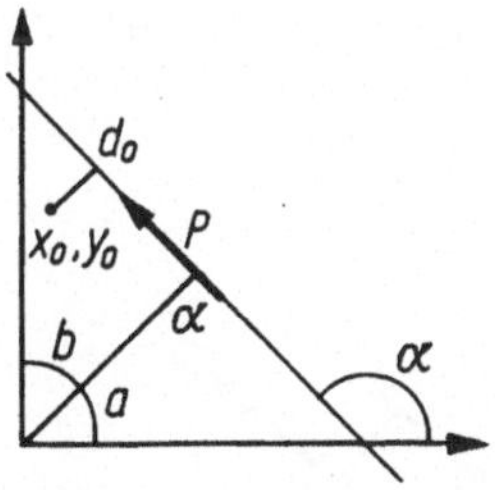

$$13) \quad \begin{cases} d_0 = d - x_0 \sin\alpha + y_0 \cos\alpha, \\ Pd_0 = Pd - Px_0 \sin\alpha + Py_0 \cos\alpha, \\ L_0 = L - Yx_0 + Xy_0. \end{cases}$$

Sind X, Y die Komponenten einer Kraft, L deren Moment in bezug auf den Anfangspunkt, so ist das Moment dieser Kraft in bezug auf einen Punkt (x_0, y_0) durch die Formel 13) gegeben.

Für ein Kräftepaar wird X = 0 und Y = 0, folglich ergibt sich $L_0 = L$; das ist der schon oben angeführte Satz.

"Zwei Kräftepaare, die irgendwie in der Ebene liegen, und entgegengesetzt gleiche Momente haben, halten sich das Gleichgewicht."

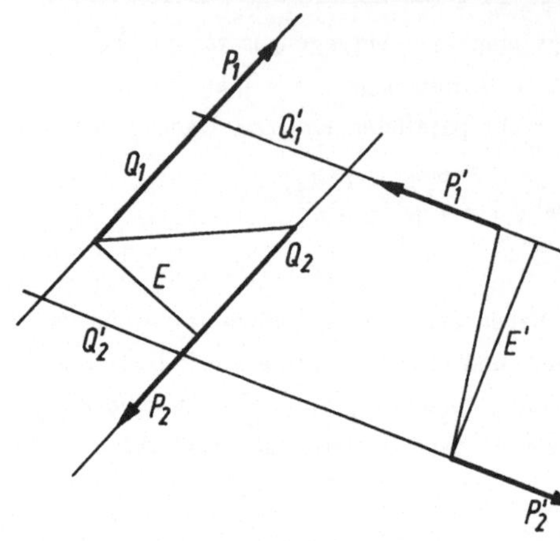

$P_1E = L$ und $P_1'E' = L'$ seien die Momente zweier Kräftepaare, und zwar sei $L' = -L$.

Man verlängert P_1', P_2', P_1, P_2 und erhält ein Parallelogramm mit den Seiten Q_1, Q_2, Q_1', Q_2'.

Dann ist $Q_1 : Q_1' = P_1 : P_1'$. Dies folgt, wenn man einmal E dann E' als Höhe des Parallelogramms betrachtet. Halten sich nun Q_1, Q_1', Q_2, Q_2' das Gleichgewicht, so gilt dies auch von den ihnen proportionalen P_1, P_1', P_2, P_2'; ersteres folgt aber leicht aus dem Parallelogramm.

Da es bei Kräftepaaren nur auf das Moment ankommt, so ergibt sich der Satz:

14) $\quad L = \sum L_i.$

"Ist eine beliebige Anzahl von Kräftepaaren in der Ebene zusammenzusetzen, deren Momente L_1, L_2, ... sind, so resultiert ein Kräftepaar vom Moment $L = \sum L_i$."

Eine Kraft P in der Ebene ist gegeben durch ihre Komponenten X, Y (wir rechnen eine Komponente als positiv, wenn sie die Abszissen oder Ordinaten des Systems zu vergrößern strebt, im entgegengesetzten Fall als negativ), welche durch $P \cos\alpha$, $P \sin\alpha$ gegeben sind, und das Moment $P \cdot d = L$ (positiv gerechnet, wenn die Kraft entgegengesetzt dem Sinne des Uhrzeigers zu drehen strebt). Eine Kraft ist vollständig bestimmt durch:

15) $\quad X = P \cos\alpha, \quad Y = P \sin\alpha, \quad L = P \cdot d.$

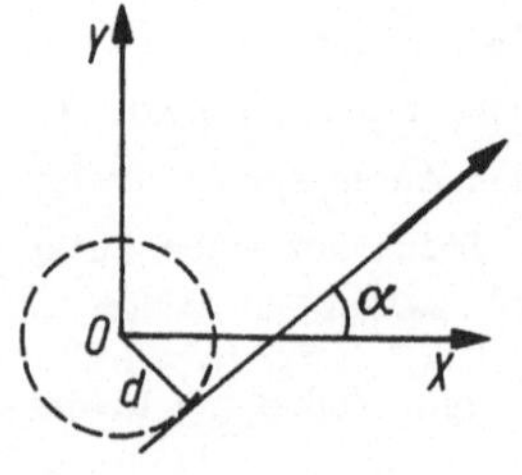

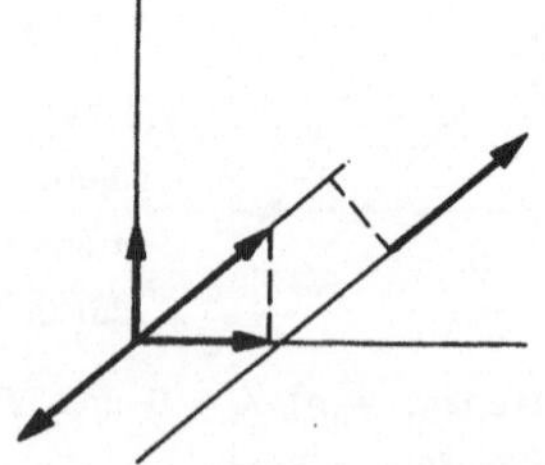

Umgekehrt ist $P = \sqrt{X^2 + Y^2}$ $\cos\alpha = \frac{X}{P}$, $\sin\alpha = \frac{Y}{P}$, $d = \frac{L}{P}$.

X, Y, L werden daher als Koordinaten der Kraft bezeichnet. X sei eine Kraft längs der x-Achse und Y eine solche längs der y-Achse. Die drei Koordinaten haben folgende Bedeutung: Eine Kraft P ist gleichwirkend einer Kraft X, einer Kraft Y und einem Kräftepaar L. Zum Beweis ziehe man durch O zwei mit P gleichstarke und mit P gleich bzw. entgegengesetzt gerichtete Kräfte, verbinde die entgegengesetzt gerichtete mit P zu einem Kräftepaar L und zerlege die gleichgerichtete nach dem Parallelogrammsatz in X und Y.

16) $X = \sum X_i, \quad Y = \sum Y_i, \quad L = \sum L_i.$

"Sind irgendwelche Kräfte in ebenen Systemen mit ihren Koordinaten gegeben, so berechnet man die Koordinaten der Resultante nach 16)."

Ist $\sum X_i = 0$ und $\sum Y_i = 0$, so resultiert nur ein Kräftepaar vom Momente $\sum L_i$.

17) $\sum X_i = 0 \quad \sum Y_i = 0 \quad L = \sum L_i.$

17a) $\sum X_i = 0 \quad \sum Y_i = 0 \quad \sum L_i = 0.$

Irgendwelche Kräfte in der Ebene halten sich das Gleichgewicht, wenn die drei Gleichungen 17a) bestehen.

Der Begriff der Kräftepaare ist von POINSOT 1804 in seinen Éléments de statique eingeführt worden.

§3. Grundlagen der graphischen Statik

Die graphische Statik beschäftigt sich damit, die Resultante beliebiger Kräfte an beliebigen Körpersystemen durch Konstruktion zu bestimmen. Die ersten solchen Konstruktionen (u.a. das Parallelogramm der Kräfte, welches zugleich NEWTON einführte) hat VARIGNON gefunden. Bei VARIGNON findet sich u.a. folgende Aufgabe des Seilpolygons:

Es soll die Gestalt gefunden werden, welche ein geschlossenes Seil annimmt, wenn an gegebenen Punkten desselben Kräfte ziehen. Man kann die Größe einer Kraft und die Richtung von (n-1) Kräften vorschreiben, dann ist alles übrige bestimmt, wenn Gleichgewicht herrschen soll und das Polygon gegeben ist.

Beweis:
Man zerlege P_1 in zwei Komponenten, die in Richtung (12) und (16) wirken; längs (12) muß also eine entgegengesetzt gleiche Kraft wirken; diese wird längs der gegebenen Richtung P_2 und (23) zerlegt; P_2 ist dadurch bestimmt. In derselben Weise schreitet man zur Ecke 3, 4, 5 fort und erhält völlig bestimmt die Kräfte P_3, P_4, P_5 und hat längs (56) eine Spannung, die durch P_6 hervorgebracht werden muß; außerdem

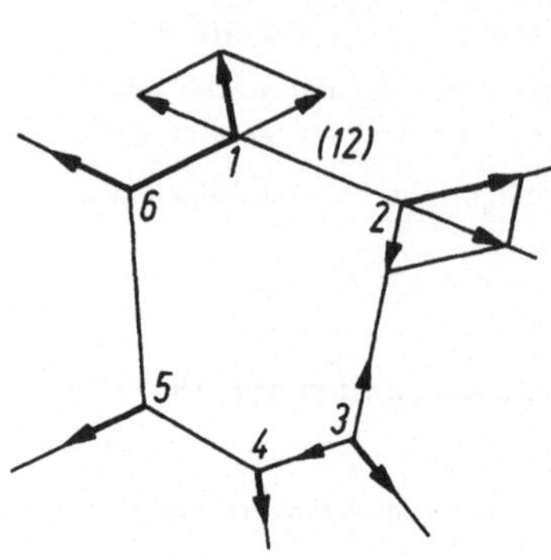

hat man längs (61) eine Spannung, die ebenfalls von P_6 herrühren muß, folglich ist Richtung und Größe von P_6 bestimmt. Wenn also P_1 nach Richtung und Größe, P_2, P_3, ..., P_{n-1} der Richtung nach gegeben sind, so findet man die Größen von P_2, ..., P_{n-1} und Größe und Richtung von P_n durch die erörterte Zerlegung von P_1, der Spannung (12), der Spannung (23) und so fort.

VARIGNON hat nun folgende einfache Konstruktion angegeben:

Man ziehe durch einen beliebigen Punkt O der Ebene Parallelen zu den Seiten des gegebenen Seilpolygons. Dann trage man eine Linie, deren Länge gleich P_1 und welche parallel zu P_1 ist, in den Winkelraum zwischen (12) und (61) ein; dann trage man in den Sektor zwischen (23) und (12) eine an die vorige sich anschließende Linie parallel zu P_2 ein und fahre so fort; die das Polygon schließende Seite im Sektor zwischen (16) und (56) stellt dann nach Größe und Richtung die Kraft P_6 dar; die anderen Seiten des erhaltenen Polygons stellen dann nach Größe und Richtung die Kräfte P_2, P_3, P_4, P_5 dar, welche wirken müssen, damit am Polygon Gleichgewicht herrscht.

Beweis:

Wenn man P_1 nach den beiden Richtungen (16) und (12) zerlegt, so werden diese Spannungen direkt durch die Seiten des betreffenden Dreiecks im Hilfspolygon dargestellt; jede Seite ist aber zugleich die entgegengesetzte Komponente der nächstfolgenden Kraft längs der Seilrichtung, woraus folgt, daß sich die Komponenten längs der einzelnen Seilstrecken das Gleichgewicht halten, was die Bedingung für das Gleichgewicht am Seilpolygon ist. Die Strecken, welche von O aus sich nach den Ecken des Hilfspolygons erstrecken, ergeben ohne Weiteres die Komponenten in welche jede der Kräfte P_1, ..., P_6 längs der anstoßenden Seilstücke zu zerlegen ist und zwar so, daß jede Strecke zweimal in entgegengesetzter Richtung benutzt wird.

Es sei nun die Aufgabe zu lösen, diejenige Kraft zu konstruieren, welche zu einem gegebenen ebenen Kräftesystem hinzuzufügen ist, damit sie demselben das Gleichgewicht hält. Man findet erstens leicht die Größe und Richtung der gesuchten Kraft oder der ihr entgegengesetzten Resultante durch Konstruktion des gewöhnlichen Kräftepolygons; es ist aber noch die Lage der Linie, längs welcher sie wirkt, zu bestimmen. Dies geschieht mit Hilfe des Seilpolygons. Man legt in das Kräftepolygon einen beliebigen Punkt O und zieht Linien von O nach dessen Ecken; diesen Linien müssen die Seilstrecken parallel sein. Man spannt zwischen die Richtungen von P_1 und P_2

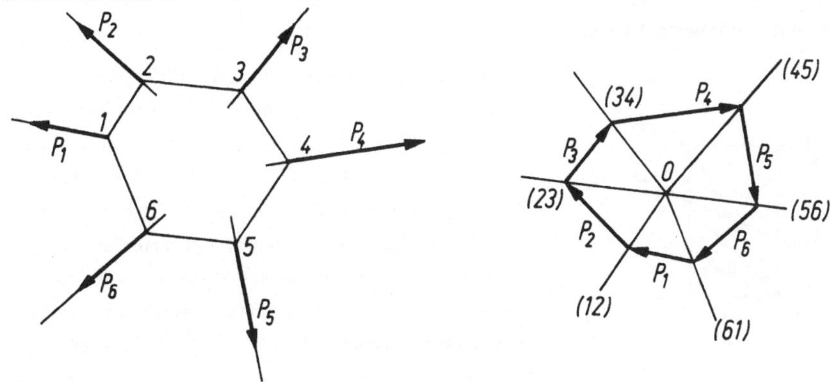

ein Seil aus, welches mit (12) parallel ist, dann zwischen P_2 und P_3 ein sich anschließendes Seil, welches parallel (23) ist und führt so fort; zuletzt erhält man eine neue Ecke des Seilpolygons, in welcher P_6 angreifen muß. Denn an dem so konstruierten Seilpolygon halten sich die gegebenen Kräfte P_1, P_2, ..., P_5 mit der nach Größe und Richtung bestimmten Kraft P_6 das Gleichgewicht, folglich halten sich die Kräfte auch am ebenen System das Gleichgewicht.

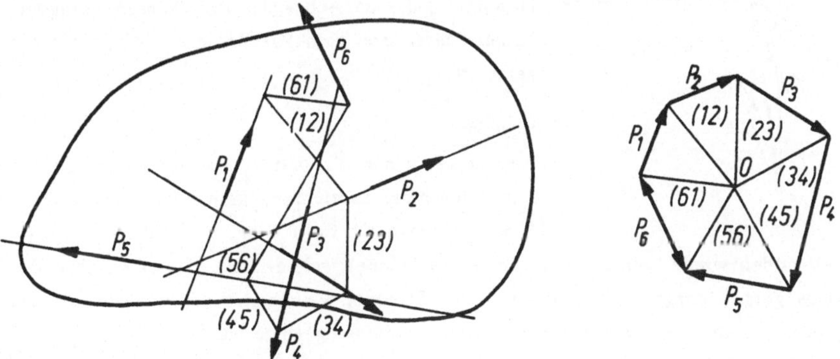

§4. Kräfte am räumlichen System

Jede Kraft P, die an einem starren Körper angreift, kann durch eine ihr gleiche und parallele im Koordinatenanfangspunkt angreifende Kraft P' und ein Kräftepaar π ersetzt werden; P' wird wieder durch ihre Komponenten ersetzt, welche sind:

$$X = P\cos a, \quad Y = P\cos b, \quad Z = P\cos c,$$

18)

$$P = \sqrt{X^2 + Y^2 + Z^2}.$$

Zwei Kräftepaare, die in parallelen Ebenen liegen und gleiche Momente haben, sind gleichwirkend.

Es läßt sich leicht beweisen, daß zwei Kräftepaare in parallelen Ebenen, welche entgegengesetzte Momente haben, sich das Gleichgewicht halten.

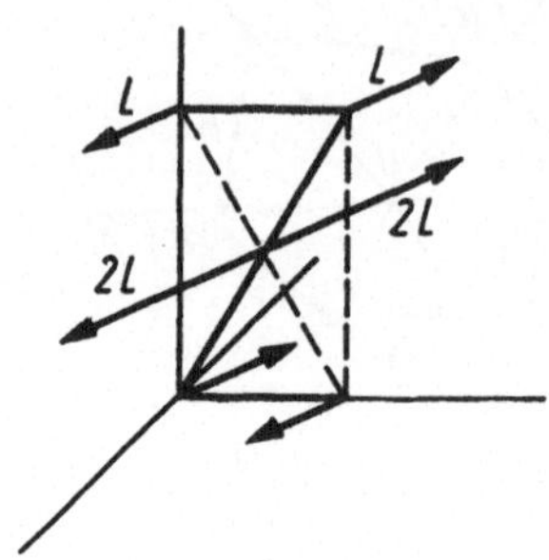

Auf diesem Satz beruht die Darstellung eines Kräftepaares vom Moment L durch eine vom Koordinatenanfangspunkt aus gezogene Strecke von der Länge L, deren Richtung die Normale zur Ebenenschar des Paares (oder dessen Achse) ist, und zwar in dem Sinne, daß vom Endpunkt der Strecke aus gesehen das Paar im Sinne des Uhrzeigers zu drehen strebt. Die Anzahl der Kräfte, welche am räumlichen System wirken können, ist "∞^5", so daß fünf Bestimmungsstücke erforderlich sind, um eine Kraft festzulegen (nicht sechs, weil man die Kraft in ihrer Richtung verschieben kann): Die Anzahl der Kräftepaare, die es im Raum gibt, ist hingegen nur dreifach unendlich:

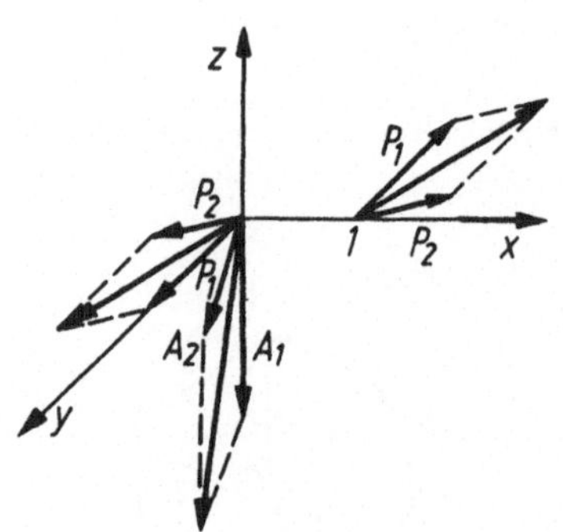

Zwei Kräftepaare setzen sich zu einem dritten Paar zusammen, dessen Achse aus den Achsen der gegebenen Paare nach dem Parallelogramm zusammengesetzt ist.

Beweis:

Einmal setze man P_1 und P_2 im Nullpunkt nach dem Parallelogramm zusammen, dann ebenso die in Punkt 1 angreifenden Kräfte P_1 und P_2; diese zwei Resultanten bilden wieder ein Paar. Dann ist es geometrisch evident, daß die Achse dieses Paares gerade dargestellt wird durch die Strecke, welche aus den Achsen der ursprünglichen Paare nach dem Parallelogramm zusammengesetzt ist.

Es ergibt sich hieraus folgende Koordinatenbestimmung eines Paares:

$$19)\quad L = \Pi\cos\alpha,\quad M = \Pi\cos\beta,\quad N = \Pi\cos\gamma,\quad \Pi = \sqrt{L^2 + M^2 + N^2}\,,$$

wo α, β, γ die Richtungswinkel und Π das Moment des gegebenen Paares bedeuten. Eine Kraft im Raum erhält 6 Koordinaten:

$$20)\quad \begin{aligned} X &= P\cos a, & Y &= P\cos b, & Z &= P\cos c, & P &= \sqrt{X^2 + Y^2 + Z^2}\,,\\ L &= \Pi\cos\alpha, & M &= \Pi\cos\beta, & N &= \Pi\cos\gamma, & \Pi &= \sqrt{L^2 + M^2 + N^2}\,, \end{aligned}$$

welche drei Einzelkräfte bzw. Kräftepaare vorstellen, deren Wirkungslinien bzw. Achsen in die Koordinatenachsen hineinfallen. Da es nun aber "∞^5" Kräfte im Raum gibt, also eine Kraft nur von fünf unabhängigen Parametern abhängen kann, so muß zwischen den 6 Koordinaten noch eine Relation bestehen.

Zu dieser Relation gelangt man durch die Bemerkung, daß die Achse des Paares Π auf der Richtung von P senkrecht ist; dies wird ausgedrückt durch die Gleichung $\cos a \cos \alpha + \cos b \cos \beta + \cos c \cos \gamma = 0$ oder $XL + YM + ZN = 0$. Sollen also X, Y, Z, L, M, N die Koordinaten einer Kraft sein, so müssen sie der Bedingung

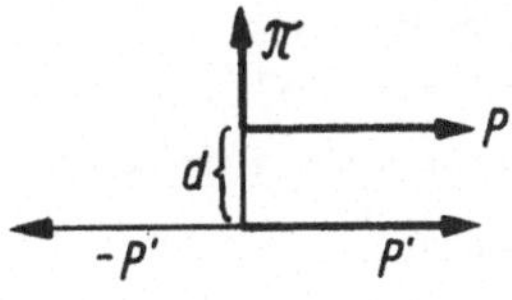

21) $$XL + YM + ZN = 0$$

genügen, welche zu 20) hinzuzufügen ist.

Es ist zu zeigen, daß diese Bedingung auch hinreichend ist, d.h., daß - wenn sie erfüllt ist - es in der Tat eine Kraft gibt, deren Koordinaten X, Y, Z, L, M, N sind. Gegeben sei also P und die dazu senkrechte Achse eines Paares Π. Man bestimme d aus $d \cdot P = \Pi$ und bringe am anderen Ende des vom Angriffspunkt von P aus senkrecht zu P gezogenen Arms d (in der Ebene die senkrecht zu Π ist) eine Kraft $-P' = -P$ an; dann hält das Paar, welches aus P und $-P'$ gebildet ist, dem Paar Π das Gleichgewicht. Folglich kann man P und Π ersetzen durch eine Kraft P', welche parallel und gleich P ist, in der durch P senkrecht zur Achse von Π gelegten Ebene liegt und von P den Abstand $d = \Pi/P$ hat.

Irgendwelche Kräfte im Raum ergeben ein Kraftsystem, dessen Koordinaten folgende sind:

22) $$X = \sum X_i, \quad Y = \sum Y_i, \quad Z = \sum Z_i, \qquad L = \sum L_i, \quad M = \sum M_i, \quad N = \sum N_i.$$

Dieses Kraftsystem reduziert sich im allgemeinen nicht auf eine Einzelkraft, sondern nur unter der Bedingung

23) $$\sum X_i \sum L_i + \sum Y_i \sum M_i + \sum Z_i \sum N_i = 0.$$

Ein gegebenes Kräftesystem reduziert sich auf ein Kräftepaar unter der Bedingung:

24) $$\sum X_i = 0, \quad \sum Y_i = 0, \quad \sum Z_i = 0.$$

Endlich besteht bei einem gegebenen Kräftesystem Gleichgewicht, wenn die sechs Bedingungen erfüllt sind:

25) $$\sum X_i = 0, \quad \sum Y_i = 0, \quad \sum Z_i = 0, \quad \sum L_i = 0, \quad \sum M_i = 0, \quad \sum L_i = 0.$$

§5. Lehre vom Schwerpunkt

"Parallele Kräfte im Raum haben immer eine Resultante."

Denn man erhält parallele Kräfte aus solchen, die an einem Punkt angreifen, also eine Resultante haben, wenn man diesen Punkt ins Unendliche rücken läßt.

Um diesen Satz aus der Formel 23) zu beweisen, soll erst die Hilfsaufgabe gelöst werden, die Koordinaten einer Kraft P zu bestimmen, deren Angriffspunkt die Koordinaten x, y, z hat.

Zunächst hat man $X = P\cos a$, $Y = P\cos b$, $Z = P\cos c$ (a, b, c gegeben).

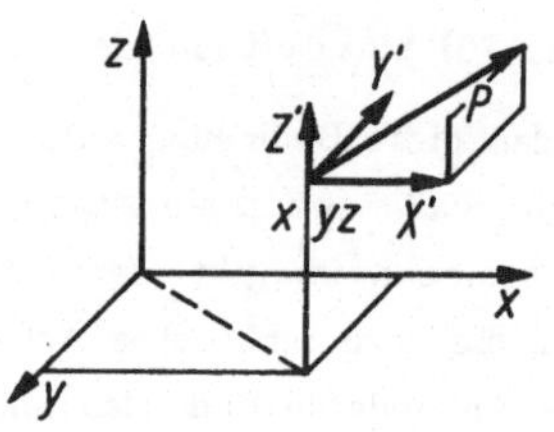

Man zerlege P in die drei in x, y, z angreifenden Einzelkräfte $P\cos a = X'$, $P\cos b = Y'$, $P\cos c = Z'$ und berechne die Momente dieser Einzelkräfte.

Die Momente von Z' sind nun

$$L_z = Zy, \quad M_z = -Zx, \quad N_z = 0.$$

Die Koordinaten der Teilkräfte X', Y', Z' sind folgende:

	X	Y	Z	L	M	N
X'	P cos a	0	0	0	Xz	-Xy
Y'	0	P cos b	0	-Yz	0	Yx
Z'	0	0	P cos c	Zy	-Zx	0

Hieraus folgt:

$$X = P\cos a, \quad Y = P\cos b, \quad Z = \cos c,$$

27)
$$\begin{aligned} L &= yP\cos c - zP\cos b, \\ M &= zP\cos a - xP\cos c, \\ N &= xP\cos b - yP\cos a. \end{aligned}$$

Man versteht unter dem Moment einer Kraft P in bezug auf eine gegebene Gerade das Produkt $P\delta\sin a$, wo a den Winkel, den P mit der gegebenen Geraden bildet, und δ den kürzesten Abstand der gegebenen Geraden von der Kraftrichtung bezeichnet. Demnach sind die Koordinaten L, M, N einer Kraft die Momente der Kraft in bezug auf die Koordinatenachsen.

Beweis für N:

P wird zerlegt in $Z' = P\cos c$ und in die parallel der xy-Ebene wirkende Kraft $P\sin c$. Letztere hat dasselbe Moment in bezug auf die z-Achse wie die zu ihr parallele in der xy-Ebene. Das Moment der letzteren Kraft ($P\delta\sin c$) erhält man auch, indem man die Kraft in ihre x- und y-Komponente, welche $X = P\cos a$ und $Y = P\cos b$ sind, zerlegt und deren Momente in bezug auf den Nullpunkt bestimmt. Nun ist das Moment von X in bezug auf O gerade -Xy, dasjenige von Y ist Yx; folglich ist das Moment von $P\sin c$ in bezug auf O oder das Moment der Kraft P in bezug auf die z-Achse gleich $Yx - Xy = xP\cos b - yP\sin b$; dies ist aber in der Tat der

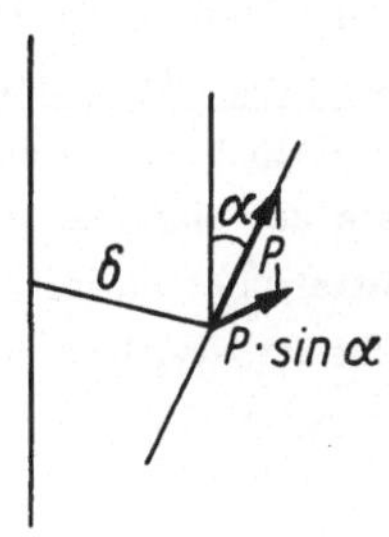

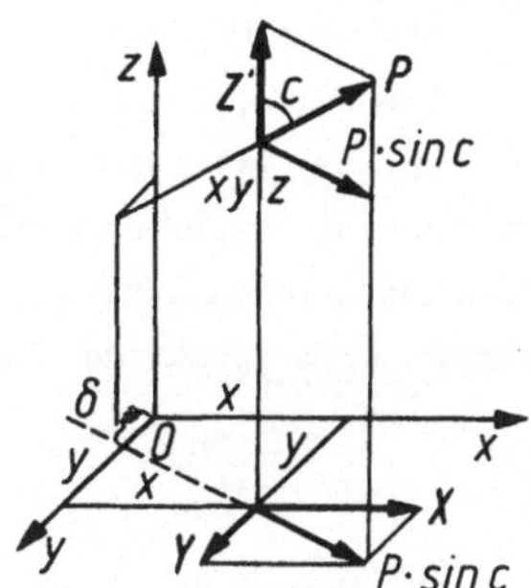

Ausdruck N. Ebenso wird der Beweis für L und M geführt. Es sei nun eine Anzahl paralleler Kräfte $P_1, \ldots, P_i, \ldots$ gegeben, deren Angriffspunkte $x_1, y_1, z_1; \ldots; x_i, y_i, z_i; \ldots$ sind und welche alle die Winkel a, b, c mit den Koordinatenachsen bilden. Dann sind die Koordinaten der i-ten Kraft:

$$P_i \cos a, \qquad P_i \cos b, \qquad P_i \cos c,$$
$$y_i P_i \cos c - z_i P_i \cos b, \qquad z_i P_i \cos a - x_i P_i \cos c, \qquad x_i P_i \cos b - y_i P_i \cos a.$$

Die Koordinaten des aus den Parallelkräften resultierenden Kräftesystems sind dann:

28)
$$\begin{aligned} X &= \sum P_i \cos a, & Y &= \sum P_i \cos b, \\ L &= \sum (y_i P_i \cos c - z_i P_i \cos b) & M &= \sum (z_i P_i \cos a - x_i P_i \cos c) \\ &= \cos c \sum y_i P_i - \cos b \sum z_i P_i, & &= \cos a \sum z_i P_i - \cos c \sum x_i P_i, \end{aligned}$$
$$\begin{aligned} Z &= \sum P_i \cos c, \\ N &= \sum (x_i P_i \cos b - y_i P_i \cos a) \\ &= \cos b \sum x_i P_i - \cos a \sum y_i P_i. \end{aligned}$$

Die Kosinus sind allen Kräften gemeinsam; man sieht daher leicht, daß die Bedingung $XL + YM + ZN = 0$ erfüllt ist; folglich reduziert sich das Kräftesystem auf eine einzige Kraft.

Läßt man an einem Punkt, dessen Koordinaten

29) $$x = \frac{\sum x_i P_i}{\sum P_i}, \qquad y = \frac{\sum y_i P_i}{\sum P_i}, \qquad z = \frac{\sum z_i P_i}{\sum P_i}$$

sind, die Kraft $\sum P_i$ wirken, so zeigt sich, daß dieselbe genau die Koordinaten 28) hat (man hat nur x, y, z in 27) einzusetzen). Daraus folgt, daß die Parallelkräfte eine Resultierende haben, welche ihnen parallel ist, die Intensität $\sum P_i$ hat und in den durch 29) bestimmten Punkt angreift.

Dieser durch 29) bestimmte Punkt ξ, η, ζ hängt <u>nicht</u> von der <u>Richtung</u> der parallelen Kräfte ab; dreht man also die parallelen Kräfte unter Beibehaltung ihrer Intensitäten irgendwie um ihre Angriffspunkte, so daß sie parallel bleiben, so dreht sich die Resultante um den Punkt ξ, η, ζ, welchen man den Mittelpunkt der parallelen Kräfte nennt. Dabei muß man aber jeder der parallelen Kräfte einen bestimmten Angriffspunkt zuschreiben. Sind die parallelen Kräfte die Schwere der einzelnen zu einem starren System verbundenen Massenpunkte m_i, so ist der Mittelpunkt dieser parallelen Kräfte der sogenannte Schwerpunkt des Systems. Derselbe ist also bestimmt durch

$$30) \quad \xi = \frac{\sum m_i x_i}{\sum m_i}, \qquad \eta = \frac{\sum m_i y_i}{\sum m_i}, \qquad \zeta = \frac{\sum m_i z_i}{\sum m_i}.$$

Im System entsteht Gleichgewicht, wenn man in diesem Punkt die aufwärts gerichtete Kraft $\sum m_i g$ anbringt, und zwar bei jeder Orientierung des Systems.

§6. Unfreier Punkt

Man sagt, ein freier Punkt hat drei "Grade der Freiheit", ein an eine Fläche gebundener Punkt hat zwei "Grade der Freiheit", und ein an eine Linie gebundener Punkt hat einen "Grad der Freiheit".

Der einfachste Fall eines an eine Fläche gebundenen Punktes ist ein Punkt auf der schiefen Ebene. Es herrscht dann Gleichgewicht in Folge einer parallel der Ebene wirkenden Kraft und der senkrecht zur Ebene von dieser ausgeübten Widerstandskraft.

Ist die Gleichung einer Fläche $\varphi(x,y,z) = 0$, so sind die Richtungskosinus der Normalen:

$$1) \quad \cos a = \frac{\partial \varphi}{\partial x}/N, \qquad \cos b = \frac{\partial \varphi}{\partial y}/N, \qquad \cos c = \frac{\partial \varphi}{\partial z}/N,$$

$$N = \sqrt{\left(\frac{\partial \varphi}{\partial x}\right)^2 + \left(\frac{\partial \varphi}{\partial y}\right)^2 + \left(\frac{\partial \varphi}{\partial z}\right)^2}.$$

Es herrscht Gleichgewicht, wenn die Resultierende in die Richtung der Normale fällt, also unter der Bedingung

$$2) \quad \sum X_i : \sum Y_i : \sum Z_i = \frac{\partial \varphi}{\partial x} : \frac{\partial \varphi}{\partial y} : \frac{\partial \varphi}{\partial z}$$

oder

$$3) \quad \sum X_i = \lambda \frac{\partial \varphi}{\partial x}, \qquad \sum Y_i = \lambda \frac{\partial \varphi}{\partial y}, \qquad \sum Z_i = \lambda \frac{\partial \varphi}{\partial z}.$$

Ein an eine Oberfläche $\varphi(x,y,z) = 0$ gebundener Punkt ist unter Einwirkung beliebiger Kräfte im Gleichgewicht, wenn sich eine Größe λ so bestimmen läßt, daß die drei Gleichungen 3) bestehen. Da der Druck auf die Fläche

$$P = \sqrt{(\sum X_i)^2 + (\sum Y_i)^2 + (\sum Z_i)^2}$$

ist, so hat λ die Bedeutung P/N:

4) $$P = \lambda N.$$

Ist ein Punkt an eine Kurve gebunden, deren Gleichungen $\varphi = 0$ und $\psi = 0$ sind, so ist er erstens an die Fläche $\varphi = 0$ und zweitens an die Fläche $\psi = 0$ gebunden. Da er auf der ersten Fläche im Gleichgewicht ist, muß sich eine Größe λ so bestimmen lassen, daß

$$\lambda\frac{\partial\varphi}{\partial x}, \quad \lambda\frac{\partial\varphi}{\partial y}, \quad \lambda\frac{\partial\varphi}{\partial z}$$

die Komponenten des von den wirkenden Kräften senkrecht zur ersten Ebene ausgeübten Normaldruckes sind. Analog muß sich, damit der Punkt auf der Fläche $\psi = 0$ im Gleichgewicht ist, eine Größe μ bestimmen lassen, so daß

$$\mu\frac{\partial\psi}{\partial x}, \quad \mu\frac{\partial\psi}{\partial y}, \quad \mu\frac{\partial\psi}{\partial z}$$

die Komponenten des Normaldruckes auf die Fläche $\psi = 0$ sind. Diese beiden Normaldrücke setzen sich zu einer senkrecht zum Kurvenelement wirkenden Kraft zusammen, welche die Reaktionskraft der Kurve darstellt, diese muß den auf den Punkt wirkenden Kräften das Gleichgewicht halten.

Jede Kraft, deren Koordinaten sich in die Gestalt $\lambda\frac{\partial\varphi}{\partial x} + \mu\frac{\partial\psi}{\partial x}, \lambda\frac{\partial\varphi}{\partial y} + \mu\frac{\partial\psi}{\partial y}, \lambda\frac{\partial\varphi}{\partial z} + \mu\frac{\partial\psi}{\partial z}$ setzen lassen, steht senkrecht auf dem Kurvenelement.

Die Gleichgewichtsbedingungen sind

5) $$\begin{cases} \sum X_i = \lambda\frac{\partial\varphi}{\partial x} + \mu\frac{\partial\psi}{\partial x}, \\ \sum Y_i = \lambda\frac{\partial\varphi}{\partial y} + \mu\frac{\partial\psi}{\partial y}, \\ \sum Z_i = \lambda\frac{\partial\varphi}{\partial z} + \mu\frac{\partial\psi}{\partial z}. \end{cases}$$

Daher muß die Gleichung

6) $$\begin{vmatrix} \sum X_i & \frac{\partial\varphi}{\partial x} & \frac{\partial\psi}{\partial x} \\ \sum Y_i & \frac{\partial\varphi}{\partial y} & \frac{\partial\psi}{\partial y} \\ \sum Z_i & \frac{\partial\varphi}{\partial z} & \frac{\partial\psi}{\partial z} \end{vmatrix} = 0$$

gelten.

Diese Formeln gelten immer, wenn der Punkt gezwungen ist, auf einer Fläche oder Kurve zu bleiben, mag die mechanische Einrichtung, die ihn dazu zwingt, sein welche sie mag.

Diesen Grundsatz setzen z. B. die älteren Beweise für das Gleichgewicht auf der schiefen Ebene voraus.

LEONARDO DA VINCI ersetzte die schiefe Ebene, auf welcher sich B bewegen muß, durch das um O drehbare starre Dreieck ΔOAB und wandte hierauf das Hebelgesetz an.

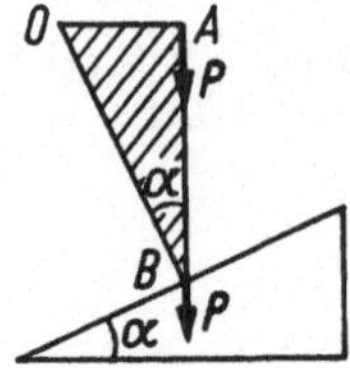

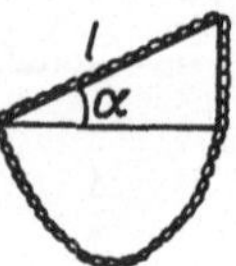

STEVYN dachte sich eine Kette um die schiefe Ebene und ihre Höhe gelegt. Das eine Kettenlinie bildende Stück derselben ist für sich im Gleichgewicht, also müssen sich das auf der schiefen Ebene liegende Stück von der Länge l und das hängende Stück $l \sin a$ das Gleichgewicht halten, weil sonst beständige Bewegung eintreten müßte. Daraus folgt, daß das Gewicht der Längeneinheit auf der schiefen Ebene sich zum Gewicht der freien Längeneinheit der Kette verhält wie $\sin a : 1$.

JOHANN BERNOULLI sprach 1717 zuerst das Prinzip der virtuellen Verrückungen aus. Das Element der Arbeit einer Kraft ist

7) $\quad dA = \delta s \cos(P,\delta s)P,$

oder auch

8) $\quad dA = X\delta x + Y\delta y + Z\delta z$

und wenn mehrere Kräfte wirken

9) $\quad dA = \sum X_i \delta x + \sum Y_i \delta y + \sum Z_i \delta z.$

Prinzip der virtuellen Verrückungen:

Wenn bei allen virtuellen (mit den Bedingungen des Systems verträglichen) Verrückungen die Arbeit gleich Null ist, so herrscht Gleichgewicht. Die Bedingung für letzteres ist also

10) $\quad \sum X_i \delta x + \sum Y_i \delta y + \sum Z_i \delta z = 0.$

Für einen ganz freien Punkt führt dies zurück auf die drei Bedingungen

a) $\quad \sum X_i = 0, \qquad \sum Y_i = 0, \qquad \sum Z_i = 0.$

Im Falle, daß der Punkt an eine Fläche $\varphi(x,y,z) = 0$ gebunden ist, besteht die Bedingung $\frac{\partial \varphi}{\partial x}\delta x + \frac{\partial \varphi}{\partial y}\delta y + \frac{\partial \varphi}{\partial z}\delta z = 0$. Die Gleichung 10) muß eine Folge dieser Gleichung sein, was der Fall ist unter der Bedingung

b) $\sum X_i = \lambda\frac{\partial\varphi}{\partial x}, \qquad \sum Y_i = \lambda\frac{\partial\varphi}{\partial y}, \qquad \sum Z_i = \lambda\frac{\partial\varphi}{\partial z}.$

Im dritten Falle muß die Gleichung 10) eine algebraische Folge der zwei Gleichungen

$$\frac{\partial\varphi}{\partial x}\delta x + \frac{\partial\varphi}{\partial y}\delta y + \frac{\partial\varphi}{\partial z}\delta z = 0,$$

$$\frac{\partial\psi}{\partial x}\delta x + \frac{\partial\psi}{\partial y}\delta y + \frac{\partial\psi}{\partial z}\delta z = 0$$

sein, was der Fall ist, wenn sich zwei Größen λ und μ so bestimmen lassen, daß

c) $\sum X_i = \lambda\frac{\partial\varphi}{\partial x} + \mu\frac{\partial\psi}{\partial x}, \qquad \sum Y_i = \lambda\frac{\partial\varphi}{\partial y} + \mu\frac{\partial\psi}{\partial y}, \qquad \sum Z_i = \lambda\frac{\partial\varphi}{\partial z} + \mu\frac{\partial\psi}{\partial z}.$

Die alten Gleichgewichtsbedingungen sind also im Prinzip der virtuellen Verrückungen unter gemeinsamer Form enthalten.

§7. Unfreies ebenes System

Das freie ebene System hat drei Grade der Freiheit. Ist aber z. B. ein Punkt des Systems gezwungen, auf einer festen Kurve zu bleiben oder ist eine Kurve des ebenen Systems gezwungen, durch einen bestimmten Punkt zu gehen, so hat das System nur zwei Grade der Freiheit, und sind z. B. diese beiden Bedingungen zusammen vorgeschrieben, so hat das System nur einen Grad der Freiheit. Ein Beispiel für den letzten Fall ist ein Balken, der auf einer Schneide aufliegt und dessen eines Ende in einer festen Schale liegt. Die Stange ist dann im Gleichgewicht, wenn die Vertikale durch den Schwerpunkt, die Normale der Schale im Punkt A und die Normale der geraden Linie in B durch einen Punkt gehen.

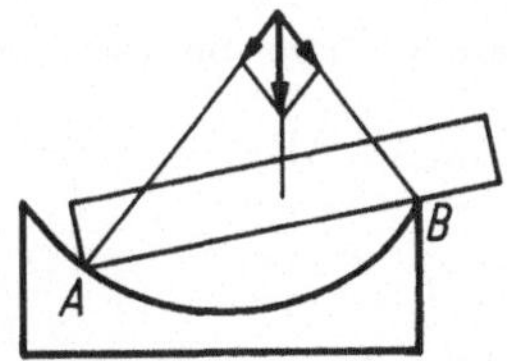

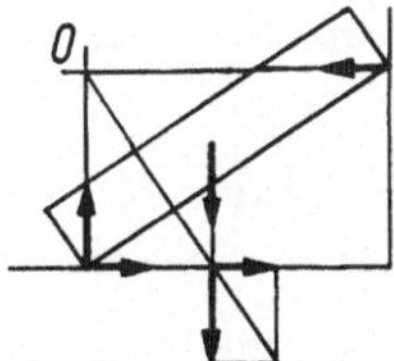

Ein anderes Beispiel ist eine an eine Wand angelehnte Stange, auf deren Fußpunkt eine horizontale Kraft wirkt. Um Gleichgewicht herzustellen, muß letztere so groß gewählt werden, daß die Resultante aus ihr und der Schwere durch O (Schnittpunkt der zwei Druckkräfte) geht.

Für diese beiden Beispiele gilt das Prinzip der virtuellen Verrückung, weil sich die wirkenden Kräfte in Teilkräfte (welchen durch die Widerstandskräfte das Gleichgewicht gehalten wird) zerlegen lassen, deren Angriffspunkte eine zu ihrer Richtung senkrechte virtuelle Verrückung erleiden.

Jede unendlich kleine Verschiebung eines ebenen Systems ist zusammengesetzt aus einer Verschiebung $\delta\xi$, $\delta\eta$ und einer Drehung $\delta\lambda$; die von einer Kraft geleistete Arbeit ist $X\delta\xi + Y\delta\eta + L\delta\lambda$; denn das Kräftepaar L leistet die Arbeit $L\delta\lambda$, wenn $\delta\lambda$ im Bogenmaß gemessen wird. Das Differential der Arbeit ist also bei einer wirkenden Kraft:

11) $dA = X\delta\xi + Y\delta\eta + L\delta\lambda.$

Wirken beliebig viele Kräfte, so ist

$$dA = \sum X_i\delta\xi + \sum Y_i\delta\eta + \sum L_i\delta\lambda.$$

Hieraus folgt: Soll an einem ebenen System Gleichgewicht herrschen, so muß für alle virtuellen Verrückungen die Bedingung

12) $\sum X_i\delta\xi + \sum Y_i\delta\eta + \sum L_i\delta\lambda = 0$

erfüllt sein.

Ist das System völlig frei, so muß

a) $\sum X_i = 0, \qquad \sum Y_i = 0, \qquad \sum L_i = 0$

sein.

Hat das System zwei Grade der Freiheit, so besteht irgend eine Bedingung

$$\varphi(\xi, \eta, \lambda) = 0, \qquad \left(\frac{\partial\varphi}{\partial\xi}\right)_0\delta\xi + \left(\frac{\partial\varphi}{\partial\eta}\right)_0\delta\eta + \left(\frac{\partial\varphi}{\partial\lambda}\right)_0\delta\lambda = 0$$

oder $a\delta\xi + b\delta\eta + c\delta\lambda = 0$, wobei a, b, c Konstanten sind.

Hat das System nur einen Grad der Freiheit, so bestehen zwei lineare Gleichungen zwischen $\delta\xi$, $\delta\eta$, $\delta\lambda$:

$$a\delta\xi + b\delta\eta + c\delta\lambda = 0,$$
$$a'\delta\xi + b'\delta\eta + c'\delta\lambda = 0.$$

Im ersten Falle muß Gleichung 12) eine algebraische Folge von $a\delta\xi + b\delta\eta + c\delta\lambda = 0$ sein, folglich muß

b) $\sum X_i = \mu a, \qquad \sum Y_i = \mu b, \qquad \sum L_i = \mu c$

gelten.

Im letzten Falle muß 12) gleichzeitig eine Folge der beiden linearen Gleichungen sein, folglich

c) $\sum X_i = \mu a + \mu' a', \qquad \sum Y_i = \mu b + \mu' b', \qquad \sum L_i = \mu c + \mu' c'.$

§8. Allgemeine Gleichgewichtsbedingungen für einen starren Körper

Die allgemeine virtuelle Verschiebung eines starren Körpers besteht aus den Verrükkungen $\delta\xi$, $\delta\eta$, $\delta\zeta$ und den Drehungen $\delta\lambda$, $\delta\mu$, $\delta\nu$. Die hierbei geleistete Arbeit ist

$$dA = \sum_i X_i\delta\xi + \sum_i Y_i\delta\eta + \sum_i Z_i\delta\zeta + \sum_i L_i\delta\lambda + \sum_i M_i\delta\mu + \sum_i N_i\delta\nu.$$

Es besteht daher Gleichgewicht, wenn für alle möglichen Verrückungen die Gleichung:

$$14)\qquad \sum_i X_i\delta\xi + \sum_i Y_i\delta\eta + \sum_i Z_i\delta\zeta + \sum_i L_i\delta\lambda + \sum_i M_i\delta\mu + \sum_i N_i\delta\nu = 0$$

besteht.

Für den vollkommen freien Körper erhält man die alten Gleichgewichtsbedingungen.

Ein Körper kann 6, 5, 4, 3, 2, 1 oder 0 Grade der Freiheit haben. Kann ein Körper sich nur schraubenförmig bewegen, so hat er nur einen Grad der Freiheit; denn ist z. B. die z-Achse die Achse der Schraube, so ist $\delta x = \delta y = 0$ und $\delta\mu = \delta\lambda = 0$ und außerdem $\delta z = c\,\delta\nu$ oder, wenn h die Höhe eines Schraubenganges ist, $\delta z = \mp \frac{h}{2\pi}\delta\nu$. Das obere Zeichen gilt für eine rechts gewundene Schraube. Es ergibt sich nun aus 14) die Gleichgewichtsbedingung

$$15)\qquad \sum Z_i = \pm \frac{2\pi}{h}\sum N_i .$$

Wirkt nur die Kraft P am Hebelarme d, so ist der durch die Schraube in der Richtung der Achse ausgeübte Druck gleich $\frac{2\pi}{h}Pd$.

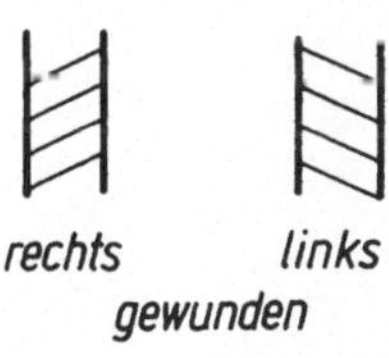

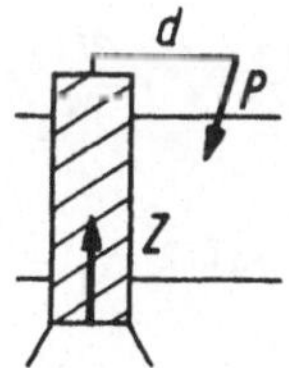

Hat man ein System starrer Körper, so ist die Bedingung für das Gleichgewicht, daß für jede mögliche Verschiebung die Gleichung

$$16)\qquad 0 = \sum_k\{\sum_i X_{ik}\delta\xi + \sum_i Y_{ik}\delta\eta + \sum_i Z_{ik}\delta\zeta + \sum_i L_{ik}\delta\lambda + \sum_i M_{ik}\delta\mu + \sum_i N_{ik}\delta\nu\}$$

besteht. Die äußere Summe ist über die einzelnen Körper zu erstrecken. Für ein System einzelner Punkte x_k, y_k, z_k heißt das Prinzip der virtuellen Verrückungen

$$17)\qquad 0 = \sum_k (X_k\delta x_k + Y_k\delta y_k + Z_k\delta z_k),$$

wobei δx_k, δy_k, δz_k die virtuellen Verrückungen des k-ten Punktes bezeichnen.

Die einzelnen Punkte oder starren Körper können voneinander unabhängig oder abhängig sein. Der Beweis für 17) (und 16)) wird geführt auf Grund des Prinzips, daß es für das Gleichgewicht nur auf die Beweglichkeit des Systems, nicht aber auf die mechanische Vorrichtung, durch welche dieselbe vorgeschrieben ist, ankommt. Nun ist bei einem Flaschenzug das Prinzip der virtuellen Verrückungen in evidenter Weise richtig; dies benutzt LAGRANGE in seiner "mécanique analytique", indem er beweist, daß die Beweglichkeit jedes Systems durch Flaschenzüge erreicht werden kann.

Wir wenden nun das allgemeine Prinzip der virtuellen Verrückungen auf das ebene Seilpolygon an. Die Bedingungen des Systems sind hier: $r_{12} = C$, $r_{23} = C'$, $r_{34} = C''$, $r_{45} = C'''$, $r_{56} = C^{IV}$, $r_{61} = C^{V}$. Es sind sechs Differentiale willkürlich, folglich ergeben sich sechs Bedingungen für die zwölf Komponenten. Sind also sechs Stücke gegeben, so sind die sechs anderen bestimmt. Die Gleichgewichtsbedingung lautet:

$$X_1\delta x_1 + Y_1\delta y_1 + \dots + X_6\delta x_6 + Y_6\delta y_6 = 0.$$

Die Bedingungen des Systems sind $r_{12} = C$, $r_{23} = C'$ usw. Nun ist $\frac{\partial r_{12}}{\partial x_1} = \frac{x_1 - x_2}{r_{12}}$, $\frac{\partial r_{12}}{\partial y_1} = \frac{y_1 - y_2}{r_{12}}$ oder, wenn man den Winkel, welchen die Linie 12 mit der x-Achse bildet, mit (12) bezeichnet,

$$\frac{\partial r_{12}}{\partial x_1} = \cos(12), \qquad \frac{\partial r_{12}}{\partial y_1} = \sin(12),$$

$$\frac{\partial r_{12}}{\partial x_2} = -\cos(12), \qquad \frac{\partial r_{12}}{\partial y_2} = -\sin(12).$$

Es besteht nun die Bedingung

$$\frac{\partial r_{12}}{\partial x_1}\delta x_1 + \frac{\partial r_{12}}{\partial y_1}\delta y_1 + \frac{\partial r_{12}}{\partial x_2}\delta x_2 + \frac{\partial r_{12}}{\partial y_2}\delta y_2 = 0$$

oder

$$\cos(12)\delta x_1 + \sin(12)\delta y_1 - \cos(12)\delta x_2 - \sin(12)\delta y_2 = 0.$$

Ebenso gilt

$$\cos(23)\delta x_2 + \sin(23)\delta y_2 - \cos(23)\delta x_3 - \sin(23)\delta y_3 = 0,$$

$$\vdots$$

$$\cos(61)\delta x_6 + \sin(61)\delta y_6 - \cos(61)\delta x_1 - \sin(61)\delta y_1 = 0.$$

Die allgemeinste aus diesen sechs Gleichungen folgende Gleichung erhält man, indem man die vorstehenden Gleichungen der Reihe nach mit $\lambda_{12}, \lambda_{23}, \dots, \lambda_{61}$ multipliziert und addiert. Daraus folgen für die sechs Kräfte am Seilpolygon die Bedingungsgleichungen:

$$X_1 = \lambda_{12}\cos(12) - \lambda_{61}\cos(61), \qquad Y_1 = \lambda_{12}\sin(12) - \lambda_{61}\sin(61),$$
18) $$X_2 = \lambda_{23}\cos(23) - \lambda_{12}\cos(12), \qquad Y_2 = \lambda_{23}\sin(23) - \lambda_{12}\sin(12)$$
usw.

Die λ_{ik} bedeuten die Spannungen der Strecken r_{ik} des Seilpolygons.

Als nächste Anwendung des Prinzips der virtuellen Verrückungen betrachten wir die Lehre vom Gleichgewicht an starren ebenen Systemen. Dazu wird das ebene System als ein Aggregat von starr miteinander verbundenen Punkten aufgefaßt. Man muß drei dieser Punkte untereinander starr verbinden und die übrigen mit 1 und 2, so daß man die Bedingungen

$$r_{12} = c_{12}, \quad r_{23} = c_{23}, \quad r_{13} = c_{13}, \ldots, r_{i1} = c_{i1}, \quad r_{i2} = c_{i2}$$

hat. Daraus ergeben sich folgende Bedingungen für die Differentiale:

$$\begin{aligned}
&\delta x_1(x_1-x_2) + \delta x_2(x_2-x_1) + \delta y_1(y_1-y_2) + \delta y_2(y_2-y_1) = 0,\\
&\delta x_1(x_1-x_3) + \delta x_3(x_3-x_1) + \delta y_1(y_1-y_3) + \delta y_3(y_3-y_1) = 0,\\
&\delta x_1(x_1-x_4) + \delta x_4(x_4-x_1) + \delta y_1(y_1-y_4) + \delta y_4(y_4-y_1) = 0,\\
&\qquad\vdots\\
&\delta x_2(x_2-x_3) + \delta x_3(x_3-x_2) + \delta y_2(y_2-y_3) + \delta y_3(y_3-y_2) = 0,\\
&\delta x_2(x_2-x_4) + \delta x_4(x_4-x_2) + \delta y_2(y_2-y_4) + \delta y_4(y_4-y_2) = 0.
\end{aligned}$$

Diese Gleichungen werden mit Konstanten $\lambda_{12}, \lambda_{13}, \lambda_{14}, \ldots, \lambda_{23}, \lambda_{24}, \ldots$ multipliziert und addiert. Es ergibt sich:

$$\begin{aligned}
&\delta x_1(\lambda_{12}(x_1-x_2) + \lambda_{13}(x_1-x_3) + \ldots) + \delta y_1(\lambda_{12}(y_1-y_2) + \lambda_{13}(y_1-y_3) \ldots),\\
&+ \delta x_2(\lambda_{12}(x_2-x_1) + \ldots + \lambda_{2i}(x_2-x_i)) + \delta y_2(\lambda_{12}(y_2-y_1) + \ldots + \lambda_{2i}(y_2-y_i)),\\
&+ \delta x_3(\lambda_{13}(x_3-x_1) + \lambda_{23}(x_3-x_2)) + \delta y_3(\lambda_{13}(y_3-y_1) + \lambda_{23}(y_3-y_2)),\\
&+ \qquad \ldots\\
&+ \delta x_i(\lambda_{1i}(x_i-x_1) + \lambda_{2i}(x_i-x_2)) + \delta y_i(\lambda_{1i}(y_i-y_1) + \lambda_{2i}(y_i-y_2)).
\end{aligned}$$

Daraus folgen die Gleichgewichtsbedingungen:

$$\begin{aligned}
X_1 &= \lambda_{12}(x_1-x_2) + \lambda_{13}(x_1-x_3) + \ldots + \lambda_{1i}(x_1-x_i),\\
Y_1 &= \lambda_{12}(y_1-y_2) + \lambda_{13}(y_1-y_3) + \ldots + \lambda_{1i}(y_1-y_i),\\
X_2 &= \lambda_{12}(x_2-x_1) + \ldots + \lambda_{2i}(x_2-x_i),\\
Y_2 &= \lambda_{12}(y_2-y_1) + \ldots + \lambda_{2i}(y_2-y_i),\\
X_3 &= \lambda_{13}(x_3-x_1) + \lambda_{23}(x_3-x_2),\\
Y_3 &= \lambda_{13}(y_3-y_1) + \lambda_{23}(y_3-y_2),\\
&\;\vdots\\
X_i &= \lambda_{1i}(x_i-x_1) + \lambda_{2i}(x_i-x_2),\\
Y_i &= \lambda_{1i}(y_i-y_1) + \lambda_{2i}(y_i-y_2).
\end{aligned}$$

Eliminiert man aus diesen 2n Gleichungen die (2n-3) Unbekannten λ, so muß man die drei alten Gleichgewichtsbedingungen erhalten. In der Tat ergibt sich durch Addition leicht, daß $\sum X_i = 0$ und $\sum Y_i = 0$, und wenn man den Ausdruck $\sum X_i y_i - Y_i x_i$ bildet, so sieht man, daß auch dieser verschwindet.

Wenn man also für ein System starr miteinander verbundener Massenpunkte in der Ebene nach dem Prinzip der virtuellen Verrückungen die Gleichgewichtsbedingungen aufstellt, so gelangt man wieder zu den alten Bedingungen:

$$\sum X_i = 0, \qquad \sum Y_i = 0, \qquad \sum (X_i y_i - Y_i x_i) = 0.$$

Ergänzung

Wenn Gleichgewicht herrschen soll, so ist die von den wirkenden Kräften bei einer unendlich kleinen Verrückung des Systems geleistete Arbeit im allgemeinen eine unendlich kleine Größe zweiter Ordnung; ist diese Größe bei jeder Verrückung negativ (oder gleich Null), so ist das Gleichgewicht stabil (oder indifferent); kann sie aber positiv werden, so ist das Gleichgewicht labil. Bei einem schweren Körper ist die Arbeit der Schwere (z-Achse vertikal genommen) $dA = \sum m_i \delta z_i$. Die Änderung der z-Koordinate des Schwerpunktes ist $\delta\xi = \frac{\sum m_i \delta z_i}{\sum m_i}$, also $dA = \sum m_i \delta\xi$. Diese Gleichung gilt auch für endliche Verrückungen; die Arbeit der Schwere bei der Verrückung eines schweren Körpers ist dann gleich $\sum m_i(\xi_2 - \xi_1)$. Ein schwerer Körper ist daher im stabilen Gleichgewicht, wenn es keine Verrückung gibt, bei welcher sein Schwerpunkt sinkt oder gleich hoch bleibt.

§9. Berücksichtigung der Reibung

Um einen Körper auf einer horizontalen Ebene in Bewegung zu setzen, müßte eigentlich eine unendlich kleine Kraft genügen; in Folge der Reibung muß aber die wirkende Kraft $p \geqq \mu g$ sein, wo g das Gewicht des Körpers und μ der Reibungskoeffizient ist.

Auf einer schiefen Ebene, deren Neigungswinkel a ist, gleitet ein schwerer Punkt (oder Körper) nur dann hinab, wenn $\operatorname{tg} a \geqq \mu$ ist.

Wie schräg kann man ein Brett der Länge l an eine Wand lehnen, ohne daß es abrutscht?

Die Gleichgewichtsbedingungen sind:

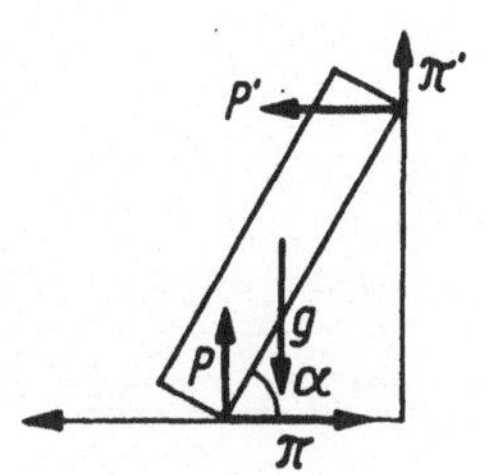

$$\Pi - P' = 0,$$
$$P + \Pi' - g = 0,$$
$$\frac{g}{2} l \cos a + \Pi l \sin a = 0,$$

wenn der Balken unendlich dünn vorausgesetzt wird. Es muß ferner $\Pi = \mu P$ und $\Pi' = \mu P'$ sein, wenn der Reibungskoeffizient an der Wand und am Boden gleich μ ist.

Aus diesen fünf Gleichungen folgt:

$$P = \frac{g}{1 + \mu^2}, \quad P' = \frac{g\mu}{1 + \mu^2}, \quad \Pi = \frac{g\mu}{1 + \mu^2},$$

$$\Pi' = \frac{g\mu^2}{1 + \mu^2}, \quad \operatorname{tg} a = \frac{2P - g}{2P'} = \frac{1 - \mu^2}{2\mu}.$$

Eine Schraube, deren Steigungswinkel flacher ist als der Reibungswinkel, kann durch Druck parallel der Achse nicht in Bewegung gesetzt werden. (Daher dreht sich eine angezogene Schraube gewöhnlich nicht zurück.)

§10. Bestimmung des Schwerpunktes von kontinuierlich mit Masse erfüllten Linien, Flächen und Körpern

Für die Schwerpunktkoordinaten eines Kurvenstückes von der Liniendichte $\rho = f(x)$ erhält man

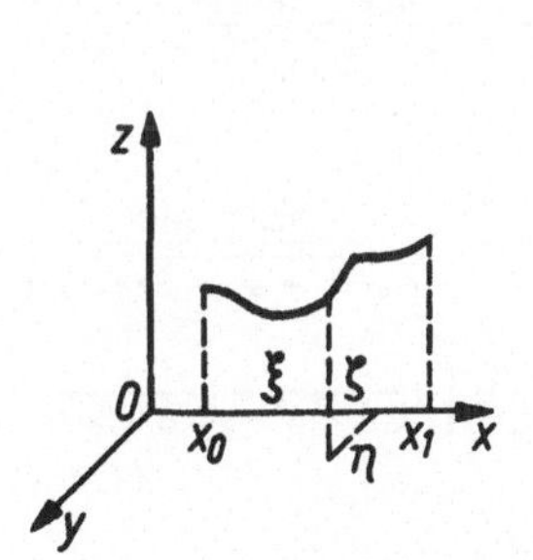

$$1)\quad \begin{cases} \xi = \int_{x_0}^{x_1} \rho x ds \Big/ \int_{x_0}^{x_1} \rho ds, \\ \eta = \int_{x_0}^{x_1} \rho y ds \Big/ \int_{x_0}^{x_1} \rho ds, \\ \zeta = \int_{x_0}^{x_1} \rho z ds \Big/ \int_{x_0}^{x_1} \rho ds. \end{cases}$$

Hierzu sind ρ, y und z als Funktionen von x betrachtet. Für ein Flächenstück gelten die Formeln

$$\rho = \rho(x,y), \qquad d\sigma = dx dy \sqrt{1 + p^2 + q^2} \qquad \left(p = \frac{\partial z}{\partial x}, \quad q = \frac{\partial z}{\partial y}\right),$$

$$2)\quad \begin{cases} \xi = \iint x\rho d\sigma \Big/ \iint \rho d\sigma, \qquad \eta = \iint y\rho d\sigma \Big/ \iint \rho d\sigma, \\ \zeta = \iint z\rho d\sigma \Big/ \iint \rho\, d\sigma. \end{cases}$$

Für einen Körper ist

$$dk = dx\,dy\,dz, \qquad \rho = \rho(x,y,z),$$

3) $$\begin{cases} \xi = \iiint x\rho\,dk \;/\; \iiint \rho\,dk, \qquad \eta = \iiint y\rho\,dk \;/\; \iiint \rho\,dk, \\ \zeta = \iiint z\rho\,dk \;/\; \iiint \rho\,dk. \end{cases}$$

§11. Anziehung, welche ein Körper auf den Massenpunkt 1 an der Stelle ξ, η, ζ ausübt

Es sei ρ die Dichte des Volumenelementes dk; dann sind die Komponenten der gesamten Anziehung:

1) $$X = c\iiint \frac{x-\xi}{R^3}\rho\,dk, \qquad Y = c\iiint \frac{y-\eta}{R^3}\rho\,dk, \qquad Z = c\iiint \frac{z-\zeta}{R^3}\rho\,dk,$$
$$R = \sqrt{(x-\xi)^2 + (y-\eta)^2 + (z-\zeta)^2},$$

Diese Integrale sind nach ξ, η, ζ genommen Differentialquotienten des Integrals

2) $$-V = c\iiint \frac{\rho\,dk}{R},$$

welches das Newtonsche Potential genannt wird. Es ist dann

3) $$-X = \frac{\partial V}{\partial \xi}, \qquad -Y = \frac{\partial V}{\partial \eta}, \qquad -Z = \frac{\partial V}{\partial \zeta}.$$

Das Potential einer aus konzentrischen homogenen Schalen bestehenden Kugel ist

$$-V = c\int_0^{2\pi}\int_0^{\pi}\int_0^{r_1} \frac{f(r)\,r^2 \sin\theta\,dr\,d\theta\,d\varphi}{\sqrt{r^2 + a^2 - 2ra\cos\theta}}$$

(wenn $\rho = f(r)$); oder

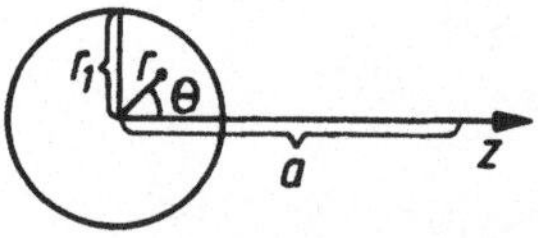

3) $$-V = 2\pi c \int_0^{r_1} \frac{f(r)r}{a} \int_0^{\pi} \frac{\sin\theta\, r\, a\,d\theta}{\sqrt{r^2 + a^2 - 2ra\cos\theta}}\,dr,$$

4) $$= 2\pi c \int_0^{r_1} \frac{f(r)r}{a}\Big[\sqrt{r^2 + a^2 - 2ra\cos\theta}\Big]_0^{\pi}\,dr,$$

5) $$= 2\pi c \int_0^{r_1} f(r)\frac{r}{a}((r+a) - (a-r))\,dr$$

$$= \frac{4\pi c}{a}\int_0^{r_1} f(r)r^2\,dr.$$

Nun ist $\int_0^{r_1} 4\pi f(r)r^2\,dr$ die ganze Masse der Kugel; folglich ist das Potential der Kugel auf einen im Abstand R vom Mittelpunkt liegenden Massenpunkt 1 <u>außerhalb</u> der Kugel

6) $-V = \frac{cM}{R}$ $R = \sqrt{\xi^2 + \eta^2 + \zeta^2}$.

Daraus folgt

7) $X = \frac{cM\xi}{R^3}$, $Y = \frac{cM\eta}{R^3}$, $Z = \frac{cM\zeta}{R^3}$.

Für die Anziehung einer Hohlkugel auf einen äußeren Punkt gelten dieselben Sätze.

Liegt der angezogene Punkt im Innern der Hohlkugel, so ist in 5) anstelle von (a-r) die Größe (r-a) zu setzen, und es wird

8) $-V = 4\pi c \int_{r_0}^{r_1} f(r) r dr$.

Dies ist aber eine Konstante; folglich sind X, Y und Z gleich Null, d.h., die Hohlkugel übt auf einen <u>inneren</u> Punkt <u>keine</u> Anziehung aus.

9) $X = Y = Z = 0$.

§12. Seilkurven

Um die Gleichgewichtslage eines Seiles zu finden, auf dessen Massenelemente Kräfte wirken, gehen wir von einem Seilpolygon aus, indem wir uns die Masse des Seiles in einer Reihe diskreter Punkte vereinigt denken. Die Gleichgewichtsbedingung für den i-ten Punkt ist

$$X_i = \lambda_{i-1,i} \cos(i-1,i) - \lambda_{i,i+1} \cos(i,i+1),$$

$$Y_i = \lambda_{i-1,i} \sin(i-1,i) - \lambda_{i,i+1} \sin(i,i+1),$$

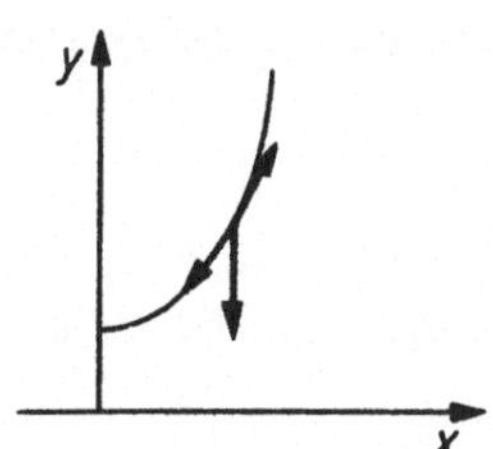

wo $\lambda_{i-1,i}$ und $\lambda_{i,i+1}$ die Spannungen der zusammenstoßenden Seilstrecken sind.

Die Eckpunkte werden nun bei der Kettenlinie belastet mit dem Gewicht $g\delta s$; es ist X überall gleich Null und $Y = -g\delta s$. Die Spannung ist eine Funktion des Bogens s, welcher vom tiefsten Punkte an gerechnet wird. Die Komponenten der Spannung sind $\lambda\frac{dx}{ds}$ und $\lambda\frac{dy}{ds}$, wenn man das Seil nun als stetige Kurve betrachtet. In zwei aneinanderstoßenden Bogenelementen sind die Spannungen $\lambda(s - \frac{\delta s}{2})$ und $\lambda(s + \frac{\delta s}{2})$ oder $\lambda(s) - \frac{\delta s}{2}\frac{d}{ds}(\lambda(s))$ bzw. $\lambda(s) + \frac{\delta s}{2}\frac{d}{ds}(\lambda(s))$. Ferner ist $\frac{dx}{ds}(s + \frac{\delta s}{2}) = \frac{dx}{ds} + \frac{\delta s}{2}\frac{d}{ds}(\frac{dx}{ds})$ und $\frac{dy}{ds}(s + \frac{\delta s}{2}) = \frac{dy}{ds} + \frac{\delta s}{2}\frac{d}{ds}(\frac{dy}{ds})$. Also ist zu setzen:

$$\lambda_{i-1,i} = \lambda - \frac{\delta s}{2}\frac{d\lambda}{ds}, \qquad \cos(i-1,i) = \frac{dx}{ds} - \frac{\delta s}{2}\frac{d}{ds}(\frac{dx}{ds}),$$

$$\sin(i-1,i) = \frac{dy}{ds} - \frac{\delta s}{2}\frac{d}{ds}\left(\frac{dy}{ds}\right) \qquad \text{bzw.}$$

$$\lambda_{i,i+1} = \lambda + \frac{\delta s}{2}\frac{d\lambda}{ds}, \qquad \cos(i,i+1) = \frac{dx}{ds} + \frac{\delta s}{2}\frac{d}{ds}\left(\frac{dx}{ds}\right),$$

$$\sin(i,i+1) = \frac{dy}{ds} + \frac{\delta s}{2}\frac{d}{ds}\left(\frac{dy}{ds}\right).$$

Da nun $X_i = 0$ und $Y_i = -g\delta s$ ist, so erhält man die Gleichungen

$$\text{I.} \quad 0 = \left(\lambda - \frac{\delta s}{2}\frac{d\lambda}{ds}\right)\left(\frac{dx}{ds} - \frac{\delta s}{2}\frac{d}{ds}\left(\frac{dx}{ds}\right)\right)$$

$$- \left(\lambda + \frac{\delta s}{2}\frac{d\lambda}{ds}\right)\left(\frac{dx}{ds} + \frac{\delta s}{2}\frac{d}{ds}\left(\frac{dx}{ds}\right)\right)$$

$$= \delta s\left(-\lambda\frac{d}{ds}\left(\frac{dx}{ds}\right) - \frac{d\lambda}{ds}\frac{dx}{ds}\right)$$

$$= -\delta s\frac{d}{ds}\left(\lambda\cdot\frac{dx}{ds}\right).$$

Die zweite Gleichung heißt nach derselben Umformung:

$$\text{II.} \quad -g\delta s = -\delta s\frac{d}{ds}\left(\lambda\cdot\frac{dy}{ds}\right).$$

Man hat also die Gleichungen:

$$\frac{d}{ds}\left(\lambda\frac{dx}{ds}\right) = 0, \qquad \frac{d}{ds}\left(\lambda\frac{dy}{ds}\right) = g.$$

Die erste Integration liefert

$$\frac{dx}{ds} = C,$$

d.h., die horizontale Komponente der Spannung ist längs des ganzen Seiles konstant.

Zweitens erhält man

$$\lambda\frac{dy}{ds} = gs.$$

Die Integrationskonstante wird gleich Null gesetzt, d.h., der Anfangspunkt für s wird in den tiefsten Punkt der Kettenlinie gelegt.

Die Vertikalkomponente der Spannung ist der von diesem Anfangspunkt an gerechneten Bogenlänge proportional.

Durch Elimination von λ folgt:

$$\frac{dy}{dx} = gs/C.$$

Der tiefste Punkt sei auch der Koordinatenanfangspunkt. Es ist

$$\frac{dy}{dx} = \frac{g}{C}\int_0^x \sqrt{1 + \left(\frac{dy}{dx}\right)^2}\, dx.$$

Dies ist äquivalent zu

$$\frac{d^2y}{dx^2} = \frac{g}{C}\sqrt{1 + (\frac{dy}{dx})^2},$$

wenn für x = 0 nicht nur y = 0, sondern auch $\frac{dy}{dx} = 0$ ist.

Wenn $\frac{dy}{dx} = t$ gesetzt wird, kann folgendermaßen geschlossen werden:

$$\frac{dt}{dx} = \frac{g}{C}\sqrt{1 + t^2},$$

$$\int \frac{dt}{\sqrt{1+t^2}} = \frac{g}{C}x,$$

$$\log(t + \sqrt{1+t^2}) = \frac{g}{C}x,$$

da die Integrationskonstante gleich Null ist. Also

$$t + \sqrt{1 + t^2} = e^{gx/C} \quad \text{und}$$

$$\frac{dy}{dx} = t = (e^{2gx/C} - 1)/(2e^{gx/C}) = (e^{gx/C} - e^{-gx/C})/2.$$

Hieraus folgt

$$y = (\frac{C}{2g}e^{gx/C} + e^{-gx/C}) - \frac{C}{g}.$$

Es war $s = \frac{C}{g}\frac{dy}{dx}$; also $s = (\frac{C}{2g}e^{gx/C} - e^{-gx/C})$.

Die Spannung ist

$$\lambda = C\frac{ds}{dx} = \frac{C}{2}(e^{gx/C} + e^{-gx/C}).$$

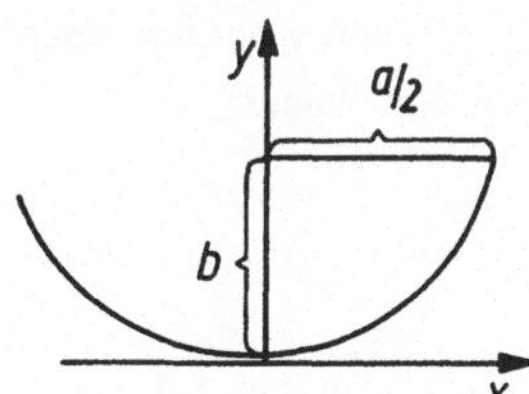

Sind die Aufhängepunkte im Abstand a und die Länge der Kette gleich l gegeben, so ist die horizontale Komponente der Spannung C aus

$$\frac{l}{2} = \frac{C}{2g}(e^{ga/2C} - e^{-ga/2C})$$

zu berechnen.

Der tiefste Punkt liegt um das Stück

$$b = \frac{C}{2g}(e^{ga/2C} + e^{-ga/2C}) - \frac{C}{g}$$

unter der Horizontalen der Aufhängepunkte.

Allgemeines Problem der Seilkurven

Es können beliebige Kräfte wirken, nämlich auf das Bogenelement δs die Kräfte $X\delta s$, $Y\delta s$, $Z\delta s$. Es muß die Abnahme der Spannung längs der x-Achse gleich der in dieser Richtung wirkenden Kraft sein; usw. Folglich:

$$-X = \frac{d(\lambda\frac{dx}{ds})}{ds},$$

$$-Y = \frac{d(\lambda\frac{dy}{ds})}{ds},$$

$$-Z = \frac{d(\lambda\frac{dz}{ds})}{ds}.$$

Dies sind die Differentialgleichungen der allgemeinen Kettenlinie.

Die Richtungskosinus der Tangente sind $\frac{dx}{ds}, \frac{dy}{ds}, \frac{dz}{ds}$; diejenigen der konsekutiven Tangente (d.h. der Tangente in einem benachbarten Kurvenpunkt) sind $\frac{dx}{ds} + d(\frac{dx}{ds})$, $\frac{dy}{ds} + d(\frac{dy}{ds})$ usw. Die Ebene dieser beiden Tangenten ist die Oskulationsebene. Soll eine Gerade, deren Richtungskosinus cos a, cos b, cos c sind und die durch den selben Punkt geht, in der Oskulationsebene liegen, so muß

$$\begin{vmatrix} \cos a & \cos b & \cos c \\ \frac{dx}{ds} & \frac{dy}{ds} & \frac{dz}{ds} \\ \frac{dx}{ds} + d(\frac{dx}{ds}) & \frac{dy}{ds} + d(\frac{dy}{ds}) & \frac{dz}{ds} + d(\frac{dz}{ds}) \end{vmatrix} = 0$$

sein; oder

$$\begin{vmatrix} \cos a & \cos b & \cos c \\ \frac{dx}{ds} & \frac{dy}{ds} & \frac{dz}{ds} \\ \frac{d}{ds}(\frac{dx}{ds}) & \frac{d}{ds}(\frac{dy}{ds}) & \frac{d}{ds}(\frac{dz}{ds}) \end{vmatrix} = 0.$$

Nun verhält sich, wenn a, b, c die Winkel der Kraftrichtung mit den Koordinatenachsen sind, $\cos a : \cos b : \cos c = X : Y : Z$. Angenommen, die Gleichung

$$\begin{vmatrix} X & Y & Z \\ \frac{dx}{ds} & \frac{dy}{ds} & \frac{dz}{ds} \\ \frac{d}{ds}(\frac{dx}{ds}) & \frac{d}{ds}(\frac{dy}{ds}) & \frac{d}{ds}(\frac{dz}{ds}) \end{vmatrix} = 0$$

sei richtig - so besagt dies:

"Die Oskulationsebene der Kettenlinie ist in jedem Punkt so gestellt, daß die in diesem Punkt wirkende Kraft in der Oskulationsebene liegt."

Beweis: Es gilt $-X = \lambda\frac{d}{ds}(\frac{dx}{ds}) + \frac{d\lambda}{ds}\frac{dx}{ds}$, $\quad -Y = \lambda\frac{d}{ds}(\frac{dy}{ds}) + \frac{d\lambda}{ds}\frac{dy}{ds}$,

$$-Z = \lambda\frac{d}{ds}(\frac{dz}{ds}) + \frac{d\lambda}{ds}\frac{dz}{ds}.$$

Setzt man dies ein, so sieht man leicht, daß die obige Determinante in der Tat identisch Null ist.

Spannt man einen Faden über eine krumme Fläche, so wirkt auf ihn der überall normale Reaktionsdruck der Fläche; folglich steht die Oskulationsebene überall senkrecht auf der Fläche. Es gilt also der Satz:

"Eine geodätische Linie auf einer Oberfläche hat die Eigenschaft, daß ihre Oskulationsebene senkrecht auf der Tangentialebene der Fläche steht."

Multipliziert man die 3 Gleichungen für X, Y, Z mit dx, dy, dz, so folgt

$$-\{X dx + Y dy + Z dz\} = -\{X \frac{dx}{ds} + Y \frac{dy}{ds} + Z \frac{dz}{ds}\} ds$$
$$= \{\lambda [\frac{dx}{ds} \frac{d}{ds}(\frac{dx}{ds}) + \dots] + \frac{d\lambda}{ds}[(\frac{dx}{ds})^2 + (\frac{dy}{ds})^2 + (\frac{dz}{ds})^2]\} ds .$$

Da $dx^2 + dy^2 + dz^2 = ds^2$ ist und daher

$$\frac{d}{ds}[(\frac{dx}{ds})^2 + (\frac{dy}{ds})^2 + (\frac{dz}{ds})^2] = 0,$$

so folgt, daß

$$d\lambda = -\{X dx + Y dy + Z dz\}$$

bzw.

$$\lambda_1 - \lambda_o = - \int_{s_o}^{s_1} X dx + Y dy + Z dz .$$

In Worten:

"Die Abnahme der Spannung längs eines Bogenstückes der Kettenlinie ist gleich der Gesamtarbeit der spannenden Kräfte X, Y, Z, welche dieselben auf einen Punkt, der das betreffende Bogenstück durchliefe, ausüben würden."

Bei der geodätischen Linie ist $X dx + Y dy + Z dz$ immer gleich Null, es gilt also der Satz:

"Ist ein Faden durch in den Enden angebrachte Kräfte über eine Oberfläche gespannt, so ist die Spannung längs des ganzen Fadens konstant."

II. Dynamik

II.a. Dynamik des Massenpunktes

§1. Geradlinige Bewegung eines Punktes

Wird die Kraft p in absolutem Maß gemessen, so ist $m\frac{d^2x}{dt^2} = p$. Wirkt keine Kraft auf den Punkt, so ist seine Geschwindigkeit konstant. Die Kraft 1 ist diejenige Kraft, mit welcher die Masse von 1/9,89 kg von der Erde angezogen wird (Dimension $\frac{ml}{t^2}$).

Freier Fall

Es gilt, wenn die x-Achse vertikal nach unten gerichtet ist,

$$X = mg,$$

$$m\frac{d^2x}{dt^2} = mg,$$

$$\frac{d^2x}{dt^2} = g,$$

$$\frac{dx}{dt} = gt + C,$$

$$x = \frac{1}{2}gt^2 + Ct + C',$$

woraus die Fallgesetze folgen.

Daß das in $X = mg$ vorkommende m, dem die Schwere proportional ist, identisch ist mit der in der Differentialgleichung auftretenden "Masse" m, ist eine noch unerklärte Erfahrungstatsache.

Ruht ein schwerer Körper auf einer Unterlage, so ist der statische Druck das Äquivalent der Beschleunigung, welche der Körper erfahren würde. Bewegt sich nun die Unterlage auf- oder abwärts, so erleidet dieser Druck eine Vermehrung oder Verminderung, welche gleich der Beschleunigung der Unterlage ist. Bewegt sich letztere mit konstanter Geschwindigkeit, so ist also der Druck derselbe wie in der Ruhe.

Allgemeine Behandlung der Differentialgleichung $X = m\frac{d^2x}{dt^2}$

I. Ist X als Funktion der Zeit explizit gegeben, so hat man ohne weiteres:

$$m\frac{dx}{dt} = \int_{t_0}^{t} X(t)dt + mv_0,$$

$$x = \int_{t_o}^{t} \left(\int_{t_o}^{t} X(t)\,dt\right)\frac{dt}{m} + v_o t + x_o .$$

II. X ist eine Funktion von x. Dann ergibt sich:

$$m\frac{d^2x}{dt^2}\frac{dx}{dt}dt = X(x)\,dx,$$

$$\frac{1}{2}m\left(\frac{dx}{dt}\right)^2 = \int_o^x X(x)\,dx + \frac{1}{2}mv_o^2,$$

a) $$\frac{dx}{dt} = v = \sqrt{\frac{2}{m}\int_o^x X(x)\,dx + v_o^2},$$

$$dt = \frac{dx}{\sqrt{\frac{2}{m}\int_o^x X(x)dx + v_o^2}},$$

b) $$t = \int_o^x \frac{dx}{\sqrt{\frac{2}{m}\int_o^x X(x)dx + v_o^2}} + t_o .$$

Die letzte Gleichung ist schließlich nach x aufzulösen.

III. X ist eine Funktion von v allein. Dann ergibt sich:

$$m\frac{dv}{X(v)} = dt,$$

$$t = \int_o^v m\frac{dv}{X(v)} + t_o,$$

$$\frac{dx}{dt} = v, \quad dx = mv\frac{dv}{X(v)},$$

$$x = \int_o^v m\frac{v\,dv}{X(v)} + x_o .$$

Wenn die Kraft X nur von einem der drei Argumente t, x, v abhängt, so läßt sich stets die Differentialgleichung der Bewegung durch zwei Quadraturen lösen.

Beispiel: Der Fall eines Körpers mit Luftwiderstand.
Bei Geschwindigkeiten von ca. 200 m/s ist der Widerstand nahe mit v^2 proportional, bei größeren mit v^3, bei kleineren mit v. Im ersten Falle hat man die Differentialgleichung:

$$m\frac{d^2x}{dt^2} = mg - cv^2$$

oder

$$\frac{d^2x}{dt^2} = g - \frac{g}{K^2}v^2 .$$

Für $t = 0$ sei $v = 0$ und $x = 0$; dann ist

$$v = K\frac{e^{gt/K} - e^{-gt/K}}{e^{gt/K} + e^{-gt/K}},$$

$$x = \frac{K^2}{g}\log\left(\frac{e^{gt/K} + e^{-gt/K}}{2}\right).$$

Für $t = \infty$ wird die Geschwindigkeit konstant gleich K, und für sehr große Werte von t

$$x = Kt - \frac{K^2}{g}\log 2.$$

Zweites Beispiel: Geradlinige Schwingung eines Punktes unter Wirkung einer dem Abstand von der Ruhelage proportionalen Kraft:

$$m\frac{d^2x}{dt^2} = -mk^2x, \qquad \frac{d^2x}{dt^2} = -k^2x.$$

Eine partikuläre Lösung ist $\sin kt$, eine zweite $\cos kt$, also ist die allgemeine Lösung

$$x = C_1\sin kt + C_2\cos kt = \sqrt{C_1^2 + C_2^2}\left(\frac{C_1}{\sqrt{C_1^2 + C_2^2}}\sin kt + \frac{C_2}{\sqrt{C_1^2 + C_2^2}}\cos kt\right).$$

Wird $\frac{C_1}{\sqrt{C_1^2 + C_2^2}} = \cos(-kt_0)$ und $\frac{C_2}{\sqrt{C_1^2 + C_2^2}} = \sin(-kt_0)$ gesetzt, wo kt_0 ein Hilfswinkel ist, dann ist

$$x = \sqrt{C_1^2 + C_2^2}\,\sin(k(t-t_0)).$$

Dabei ist $A = \sqrt{C_1^2 + C_2^2}$ die Amplitude und t_0 die Phase der Schwingung; $T = 2\pi/k$ ist die Schwingungszeit.

Die "einfache Sinusschwingung" ist also bestimmt durch die Amplitude A, die Schwingungszeit T und die Phase t_0.

Fixiert man in der Ebene einen Punkt, dessen x-Koordinate mit der des wirklichen schwingenden Punktes übereinstimmt und dessen y-Koordinate $y = A\cos(k(t-t_0))$ ist, so ist $x^2 + y^2 = A^2$, $\operatorname{tg}\varphi = \operatorname{tg}(k(t-t_0))$, $\varphi = k(t-t_0)$ und $\frac{d\varphi}{dt} = k$. Derselbe bewegt sich also auf dem Kreise vom Radius A mit der Geschwindigkeit kA; d.h.

"Die einfache Sinusschwingung auf der x-Achse kann betrachtet werden als die Projektion eines Punktes auf diese Achse, der sich auf einem Kreis vom Radius A mit der gleichförmigen Winkelgeschwindigkeit k bewegt."

Drittes Beispiel: Gehemmte Schwingung.

Ist bei einer Schwingung Reibung oder Dämpfung vorhanden, so heißt die Differentialgleichung

$$\frac{d^2x}{dt^2} + 2\lambda\frac{dx}{dt} + k^2 x = 0.$$

Man versucht den Ansatz $x = e^{\rho t}$; dann muß sein:

$$\rho^2 + 2\rho\lambda + k^2 = 0$$

$$\rho = -\lambda \pm \sqrt{\lambda^2 - k^2}.$$

Die allgemeine Lösung ist daher

$$x = C_1 e^{t(-\lambda+\sqrt{\lambda^2-k^2})} + C_2 e^{t(-\lambda-\sqrt{\lambda^2-k^2})}.$$

Ist $\lambda^2 = k^2$, so hat man vorerst mit $x = e^{-\lambda t}$ nur eine partikuläre Lösung; die zweite ist in diesem Falle $te^{-\lambda t}$, von deren Richtigkeit man sich durch Einsetzen überzeugen kann. Ist $\lambda^2 < k^2$, so hat man die zwei partikulären Lösungen $e^{-\lambda t}e^{+it\sqrt{k^2-\lambda^2}}$ und $e^{-\lambda t}e^{-it\sqrt{k^2-\lambda^2}}$ oder $e^{-\lambda t}\cos(t\sqrt{k^2-\lambda^2})$ und $e^{-\lambda t}\sin(t\sqrt{k^2-\lambda^2})$. Die allgemeine Lösung ist

$$x = e^{-\lambda t}(C_1\cos(t\sqrt{k^2-\lambda^2}) + C_2\sin(t\sqrt{k^2-\lambda^2}))$$

oder

$$x = Ae^{-\lambda t}\sin(\sqrt{k^2-\lambda^2}\,(t-t_o)).$$

Die Amplitude ist $Ae^{-\lambda t}$, sie wird also mit wachsender Zeit immer kleiner; dagegen ist die Schwingungsdauer größer als bei der ungedämpften Schwingung, nämlich $2\pi/\sqrt{k^2-\lambda^2}$.

Nimmt man wieder einen fiktiven Punkt, dessen Projektion der schwingende Punkt ist, und gibt ersterem die y-Koordinate

$$y = Ae^{-\lambda t}\cos(\sqrt{k^2-\lambda^2}\,(t-t_o)),$$

so ist, wenn man Polarkoordinaten einführt, $r = Ae^{-\lambda t}$,

$$\operatorname{tg}\varphi = x/y = \operatorname{tg}(\sqrt{k^2-\lambda^2}\,(t-t_o)) \quad \text{und} \quad \varphi = \sqrt{k^2-\lambda^2}\,(t-t_o).$$

Man setze

$$r = Ae^{-\lambda t_o}e^{-\lambda(t-t_o)} = Ae^{-\lambda t_o}e^{-\lambda\varphi/\sqrt{k^2-\lambda^2}}.$$

Das ist die Gleichung einer logarithmischen Spirale. Der schwach gedämpfte schwingende Punkt kann betrachtet werden als die Projektion eines fiktiven Punktes, der sich mit gleichförmiger Winkelgeschwindigkeit auf einer logarithmischen Spirale um die Ruhelage als Koordinatenanfangspunkt bewegt.

Ist $k^2 < \lambda^2$, so ist das allgemeine Integral

$$x = A_1 e^{(-\lambda-\sqrt{\lambda^2-k^2})t} + A_2 e^{(-\lambda+\sqrt{\lambda^2-k^2})t},$$

und die Exponenten sind beide negativ, da dann $\lambda > \sqrt{\lambda^2-k^2}$ ist. Der Ausdruck für x wird daher erst für $t = \infty$ gleich Null, d.h., der Punkt nähert sich asymptotisch der Gleichgewichtslage.

Das Prinzip der lebendigen Kraft

Die Definition der Kraft als Ursache eines Druckes oder der Beschleunigung, überhaupt der Bewegung, ist eingeführt worden von NEWTON und DESCARTES; dagegen gebrauchte LEIBNIZ das Wort Kraft im Sinne von Arbeitsvorrat.

Diese Bezeichnung hat sich noch in dem Terminus "lebendige Kraft" erhalten. Neuerdings bezeichnet man die letztere, also $\frac{1}{2}mv^2$, als kinetische Energie.

Aus der Grund-Bewegungsgleichung für die geradlinige Bewegung folgt

$$d\left(\frac{1}{2}m\left(\frac{dx}{dt}\right)^2\right) = X\,dx$$

oder

$$dT = X\,dx, \quad \text{d.h.:}$$

Die Zunahme der lebendigen Kraft in der Zeit dt ist gleich der von der wirkenden Kraft in dieser Zeit geleisteten Arbeit, oder die Abnahme der lebendigen Kraft ist gleich der von dem Körper gegen die wirkende Kraft geleisteten Arbeit.

Ein Beispiel ist dies: Fällt ein Körper von der Ruhelage aus, so ist seine lebendige Kraft der durchfallenen Strecke proportional, und wird ein Körper in die Höhe geworfen, so steigt er zu einer seiner lebendigen Kraft proportionalen Höhe (denn die Schwere ist eine konstante Kraft).

Ist X nur eine Funktion von x, so nennt man $V = -\int X\,dx + C$ das Potential, $U = -V$ die Kräftefunktion, und es ist

$$T = U + C$$

oder

$$T + V = \text{const.}$$

Nennt man V die potentielle Energie (wo $-\frac{\partial V}{\partial x} = X$ ist), so gilt der Satz:

Während der Bewegung ist die Summe der kinetischen und potentiellen Energie, d.h. die Gesamtenergie, konstant.

Der ältere Ausdruck für Potential ist Spannkraft (bei LEIBNIZ "vis mortua").

Dann heißt dieser Satz:

"Die Summe der lebendigen Kraft und der Spannkraft ist konstant." (Gesetz von der Erhaltung der "Kraft".)

§2. Bewegung eines Punktes im Raum

Eine Bahn wird beschrieben in der analytischen Darstellung:

1) $x = \varphi(t), \quad y = \psi(t), \quad z = \chi(t).$

Die Komponenten der Geschwindigkeit sind

2) $\frac{dx}{dt} = \varphi'(t), \quad \frac{dy}{dt} = \psi'(t), \quad \frac{dz}{dt} = \chi'(t).$

Die Geschwindigkeit selbst ist

3) $v = \frac{ds}{dt} = \sqrt{(dx^2 + dy^2 + dz^2)/dt^2} = \sqrt{(\varphi')^2 + (\psi')^2 + (\chi')^2}.$

Ihre Richtungskosinus sind

4) $\cos a = \varphi'/v, \quad \cos b = \psi'/v, \quad \cos c = \chi'/v.$

Die Größen

5) $\frac{d^2x}{dt^2} = \varphi''(t), \quad \frac{d^2y}{dt^2} = \psi''(t), \quad \frac{d^2z}{dt^2} = \chi''(t)$

sind die Beschleunigungen der Projektionen des Punktes und zugleich die Komponenten der Gesamtbeschleunigung

6) $\varkappa = \sqrt{(\varphi'')^2 + (\psi'')^2 + (\chi'')^2},$

deren Richtungskosinus

7) $\cos\alpha = \varphi''/\varkappa, \quad \cos\beta = \psi''/\varkappa, \quad \cos\gamma = \chi''/\varkappa.$

Sie liegt daher in der Oskulationsebene, denn infolge dieser Werte verschwindet die Determinante

$$\begin{vmatrix} \cos\alpha & \cos\beta & \cos\gamma \\ \varphi' & \psi' & \chi' \\ \varphi'' & \psi'' & \chi'' \end{vmatrix}.$$

Die Gesamtbeschleunigung eines Punktes ist die Resultierende aus der tangentialen Beschleunigung und der Beschleunigung in Richtung der Normalen. Ist φ der Winkel der Gesamtbeschleunigung $\varkappa$ gegen die Tangente, so ist

8) $\varkappa_t = \varkappa\cos\varphi$ (Tangentialbeschleunigung),

$\varkappa_n = \varkappa\sin\varphi$ (Normalbeschleunigung).

Nun ist

9) $\cos\varphi = \cos\alpha\cos a + \cos\beta\cos b + \cos\gamma\cos c$

$$= \frac{\varphi'\varphi'' + \psi'\psi'' + \chi'\chi''}{v\varkappa}$$

und

10) $\sin\varphi = \sqrt{\frac{v^2\varkappa^2 - (\varphi'\varphi'' + \psi'\psi'' + \chi'\chi'')^2}{v^2\varkappa^2}}$

$$= \sqrt{[(\varphi')^2 + (\psi')^2 + (\chi')^2][(\varphi'')^2 + (\psi'')^2 + (\chi'')^2] - (\varphi'\varphi'' + \psi'\psi'' + \chi'\chi'')^2}/v\varkappa$$

oder

$$\sin\varphi = \sqrt{(\psi'\chi'' - \psi''\chi')^2 + (\psi'\varphi'' - \varphi'\chi'')^2 + (\varphi'\psi'' - \psi'\varphi'')^2}\,/v\varkappa\,.$$

Es ist

$$11)\quad \varkappa_t = \varkappa\cos\varphi = \frac{\varphi'\varphi'' + \psi'\psi'' + \chi'\chi''}{v}\,,$$

$$12)\quad \varkappa_n = \sqrt{(\psi'\chi'' - \chi'\psi'')^2 + (\chi'\varphi'' - \varphi'\chi'')^2 + (\varphi'\psi'' - \psi'\chi'')^2}\,/v.$$

Nun sieht man leicht, daß der für $\varkappa_t$ gefundene Ausdruck gleich $\frac{dv}{dt}$ ist; also ist die tangentiale Beschleunigung der Geschwindigkeitszuwachs (eigentliche Beschleunigung).

Der Krümmungsradius ρ einer Kurve, deren Gleichungen $x = \varphi(t)$, $y = \psi(t)$, $z = \chi(t)$ sind, ist

$$13)\quad \rho = \frac{\sqrt{(\varphi')^2 + (\psi')^2 + (\chi')^2}^{\,3}}{(\psi'\chi'' - \psi''\chi')^2 + (\chi'\varphi'' - \varphi'\chi'')^2 + (\varphi'\psi'' - \psi'\varphi'')^2}$$

Folglich ist $\varkappa_n = v^2/\rho$.

Die Normalbeschleunigung ist also gleich dem Quadrat der Geschwindigkeit, dividiert durch den Krümmungsradius der Bahn, und ist nach der Hauptnormale gerichtet. Damit ein Punkt von der Masse m bei entsprechend bestimmtem Anfangszustand die Bahn $x = \varphi(t)$, $y = \psi(t)$, $z = \chi(t)$ durchläuft, muß auf ihn in jedem Moment eine Kraft wirken, deren Komponenten

$$X = m\varphi'',\qquad Y = m\psi'',\qquad Z = m\chi''$$

sind. Zerlegen wir die wirkende Kraft in eine Tangential- und eine Normalkomponente, so äußert sich die erstere durch eine Änderung der Geschwindigkeit des Punktes; die Normalkomponente bewirkt zusammen mit der vorhandenen Geschwindigkeit die Krümmung der Bahn.

Bewegt sich ein Punkt auf einer festen Bahn, so ist mv^2/ρ der Druck, den er auf die Bahn ausübt; man bezeichnet denselben als Zentrifugalkraft; die Kraft, welche dieselbe bei freier Bahn äquilibriert, heißt Zentripetalkraft.

Es gibt nun zwei Arten von Problemen, nämlich

1) die direkten, d.h. die Kräfte zu finden, die auf einen Punkt wirken, wenn man dessen Bahn kennt, und
2) die inversen, d.h. die Bahn zu finden, wenn die Kräfte bekannt sind.

Beispiel eines direkten Problems ist:

§3. Planetenbewegung

KEPLER hat aus Beobachtungen drei Gesetze abgeleitet:

I. Wenn 1.) $p = b^2/a$, $e = \sqrt{a^2 - b^2}/a$ und der Winkel φ vom Perihel an gerechnet wird, so ist 2.) $r = \frac{p}{1 + e\cos\varphi}$ die Gleichung der Bahn (Polargleichung der Ellipse).

II. Flächensatz.

3.) $\frac{r^2}{2}\frac{d\varphi}{dt} = \frac{ab\pi}{T}$, wo T die Umlaufszeit ist.

III. 4.) $a^3/T^2 = \mu$.

NEWTON fand aus denselben das Gravitationsgesetz. Die rechtwinkligen Koordinaten von Ort, Geschwindigkeit und Beschleunigung sind:

$$x = \frac{p\cos\varphi}{1 + e\cos\varphi}, \quad y = \frac{p\sin\varphi}{1 + e\cos\varphi},$$

$$\frac{dx}{d\varphi} = \frac{-p\sin\varphi}{(1 + e\cos\varphi)^2}, \quad \frac{dy}{d\varphi} = \frac{(e + \cos\varphi)}{(1 + e\cos\varphi)^2},$$

$$\frac{dx}{dt} = \frac{dx}{d\varphi}\cdot\frac{d\varphi}{dt} = \frac{-p\sin\varphi \cdot ab\pi \cdot 2}{(1 + e\cos\varphi)^2\, Tr^2}$$

$$= \frac{-2ab\pi\sin\varphi}{Tp},$$

$$\frac{dy}{dt} = \frac{dy}{d\varphi}\cdot\frac{d\varphi}{dt} = \frac{2ab\pi(e + \cos\varphi)}{pT},$$

$$\frac{d^2x}{dt^2} = \frac{d\frac{dx}{dt}}{d\varphi}\frac{d\varphi}{dt} = \frac{-4a^2b^2\pi^2}{pT^2r^2}\cos\varphi,$$

$$\frac{d^2y}{dt^2} = \frac{d\frac{dy}{dt}}{d\varphi}\frac{d\varphi}{dt} = -\frac{4a^2b^2\pi^2}{pT^2r^2}\sin\varphi.$$

Folglich sind die Komponenten der Kraft:

$$X = -m\frac{4a^2b^2\pi^2}{pT^2r^2}\cos\varphi, \quad Y = -m\frac{4a^2b^2\pi^2}{pT^2r^2}\sin\varphi.$$

Also ist:

5.) $Y/X = y/x$, d.h., die Kraft ist nach der Sonne hin gerichtet.

6.) $P = \sqrt{X^2 + Y^2} = \frac{4a^2b^2\pi^2}{pT^2r^2} = \frac{4\pi^2 m}{r^2}\cdot\frac{a^3}{T^2}.$

Nach dem dritten Keplerschen Gesetz heißt dies

$$P = \frac{4\pi^2 m\mu}{r^2};$$

$4\pi^2\mu$ wird als Sonnenmasse M bezeichnet, und man erhält das Newtonsche Gesetz

$$P = \frac{Mm}{r^2}.$$

Im folgenden behandeln wir einige inverse Probleme.

§4. Wurfbewegung

Es ist $m\frac{d^2x}{dt^2} = 0$, $m\frac{d^2y}{dt^2} = -mg$, wenn die y-Achse vertikal nach oben gerichtet ist, d.h.,

$$x = at + b, \quad y = -gt^2/2 + ct + d.$$

Zur Zeit $t = 0$ sei $x = 0$ und $y = 0$; dann ist $b = d = 0$. Die Anfangsgeschwindigkeit sei v_o und bilde den Winkel α mit der x-Achse; dann ist

$$\left(\frac{dx}{dt}\right)_o = v_o \cos\alpha, \quad \left(\frac{dy}{dt}\right)_o = v_o \sin\alpha,$$

also

$$a = v_o \cos\alpha, \quad c = v_o \sin\alpha.$$

Man erhält

$$x = v_o \cos\alpha \cdot t, \quad y = -gt^2/2 + v_o \sin\alpha \cdot t$$

und als Bahngleichung

$$y = -\frac{gx^2}{2v_o^2 \cos^2\alpha} + \operatorname{tg}\alpha \cdot x.$$

Die Wurfweite ist

$$\bar{x} = \frac{v_o^2 \sin 2\alpha}{g},$$

deren Maximum für $\alpha = \pi/4$ angenommen wird.

Aus $\frac{dx}{dt} = v_o \cos\alpha$ und $\frac{dy}{dt} = -gt + v_o \sin\alpha$ folgt

$$\begin{aligned} v^2 &= v_o^2 + g^2t^2 - 2gtv_o \sin\alpha = v_o^2 + 2g(gt^2/2 - v_o \sin\alpha \cdot t) \\ &= v_o^2 - 2gy. \end{aligned}$$

Die lebendige Kraft ist daher

$$T = mv_o^2/2 - mgy \quad \text{oder} \quad T + mgy = mv_o^2/2.$$

Daher ist hier mgy das Potential V. In der Tat ist $m\frac{d^2x}{dt^2} = -\frac{\partial V}{\partial x} = 0$ und $m\frac{d^2y}{dt^2} = -\frac{\partial V}{\partial y} = -mg$.

Die Summe von kinetischer und potentieller Energie erweist sich also in diesem Beispiel in der Tat als konstant.

Dieser Satz ergibt sich aus den allgemeinen Bewegungsgleichungen in folgender Weise:

$$\begin{aligned} \frac{1}{2}md(v^2) &= m\left(\frac{dx}{dt}\frac{d^2x}{dt^2} + \frac{dy}{dt}\frac{d^2y}{dt^2} + \frac{dz}{dt}\frac{d^2z}{dt^2}\right)dt \\ &= X\,dx + Y\,dy + Z\,dz. \end{aligned}$$

Haben die Kräfte ein Potential V, so ist also

$$\frac{1}{2} m d(v^2) = -dV \quad \text{oder} \quad dT = -dV = dA .$$

Es ist immer $dT = dA$, auch wenn kein Potential vorhanden ist. Ist ein Potential vorhanden, so kann man integrieren und erhält $T + V = \text{const}$. Damit ist das Energieprinzip für die Bewegung eines Massenpunktes im Raum bewiesen.

Der Wert von V bei einer bestimmten Lage des Punktes bedeutet die Arbeit, welche der Punkt leisten kann, wenn er sich nach einer Stelle hin bewegt, wo $V = 0$ ist.

§5. Schwingung eines Punktes in der Ebene

Wie schon gefunden, wird aus

$$\frac{d^2x}{dt^2} = -k^2 x \quad \text{und} \quad \frac{d^2y}{dt^2} = -l^2 y$$

die Lösung

$$x = A \sin\frac{2\pi}{T}(t - t_0),$$
$$y = B \sin\frac{2\pi}{T'}(t - t'_0), \quad \text{wo } T = 2\pi/k, \quad T' = 2\pi/l .$$

Der Punkt durchläuft dann die sogenannten Lissajous-Kurven; dieselben sind verschiedenartig, je nach dem Verhältnis $k : l$. Ist dasselbe eine ganze Zahl, so ist die Kurve geschlossen. Das Potential ist $\frac{1}{2} m(k^2 x^2 + l^2 y^2)$; folglich sind die Niveaukurven konzentrische ähnliche Ellipsen. So oft der Punkt dieselbe Ellipse durchschneidet, hat er dieselbe Geschwindigkeit. Das Achsenverhältnis aller Ellipsen ist k/l.

Es soll hier nur der Fall $k = l$ behandelt werden. Dann ist

$$x = A \sin kt \cos kt_0 + A \cos kt \sin kt_0 ,$$
$$y = B \sin kt \cos kt'_0 + B \cos kt \sin kt'_0 .$$

Daraus folgt:

$$xB \sin kt'_0 - yA \sin kt_0 = AB \sin kt \sin k(t'_0 - t_0) ,$$

also $\sin kt = ax + by$, und analog

$$\cos kt = cx + dy$$

mit Konstanten a, b, c, d.

Wir erhalten

$$1 = (a^2 + c^2)x^2 + 2(ab + cd)xy + (b^2 + d^2) y^2 .$$

Die Lissajous-Kurve ist also in diesem Fall, wo die Kraft der Entfernung vom Zentrum proportional und nach demselben hin gerichtet ist, eine Ellipse, deren Mittelpunkt das anziehende Zentrum ist.

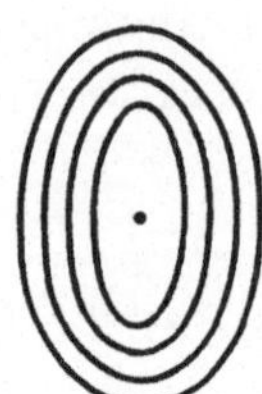

Bei Bewegung eines Punktes in der Ebene unter Wirkung einer Zentralkraft gilt der Flächensatz: "Wenn ein Punkt sich unter der Wirkung von Zentralkräften, d.h. Kräften, die nach einem festen Zentrum hin gerichtet sind, bewegt, so überstreicht der Radiusvektor in gleichen Zeiten gleiche Sektoren."

In diesem Falle sind die Bewegungsgleichungen:

$$m\frac{d^2x}{dt^2} = xF, \qquad m\frac{d^2y}{dt^2} = yF,$$

wo F eine beliebige Funktion von x und y ist. Hieraus folgt:

$$y\frac{d^2x}{dt^2} - x\frac{d^2y}{dt^2} = 0 \quad \text{oder} \quad \frac{d}{dt}\left(y\frac{dx}{dt} - x\frac{dy}{dt}\right) = 0.$$

Also ist $y\frac{dx}{dt} - x\frac{dy}{dt} = \text{const.}$

Nun ist $(ydx - xdy)/2$ der Inhalt des unendlich schmalen Sektors, welcher vom Radiusvektor überstrichen wird, wenn sich der Punkt von (x,y) nach $(x+dx, y+dy)$ hin bewegt; $\frac{ydx - xdy}{2dt}$ ist die sogenannte Flächengeschwindigkeit.

§6. Ableitung der Keplerschen Gesetze aus dem Gravitationsgesetz

Die Differentialgleichungen sind:

$$m\frac{d^2x}{dt^2} = X = -\frac{Mm}{r^2}\frac{x}{r},$$

$$m\frac{d^2y}{dt^2} = Y = -\frac{Mm}{r^2}\frac{y}{r}, \qquad \text{d.h.}$$

$$\frac{d^2x}{dt^2} = -\frac{Mx}{r^3}, \qquad \frac{d^2y}{dt^2} = -\frac{My}{r^3}.$$

Es ist $M = M'k$, d.h., M ist nicht die Sonnenmasse selbst, sondern enthält die Konstante k, welche die Anziehung zwischen zwei in der Entfernung 1 befindlichen Massen 1 bedeutet und welche durch die Versuche über die Dichte der Erde bestimmt worden ist.

Es sind vier Integrationskonstanten notwendig, um die vollständigen Integrale zu haben; die ersten Integrale müssen zwei Konstanten enthalten. Diese Integrale werden nun sofort geliefert durch den Flächensatz und den Energiesatz; sie sind: $T + V = Cm$,

$$y\frac{dx}{dt} - x\frac{dy}{dt} = C'.$$

Für die Planetenbewegung ist das Potential

$$V = -Mm/r.$$

$-V = Mm/r$ bedeutet die Arbeit, welche aufzuwenden wäre, um den Planeten aus seiner augenblicklichen Lage in unendliche Entfernung von der Sonne zu bringen. Die Konstante Cm in der Gleichung

$$T - mM/r = Cm$$

bedeutet den Überschuß von lebendiger Kraft, welchen der Planet im Unendlichen noch haben würde, wenn er seine lebendige Kraft dazu verwendet, um sich von der Sonne ins Unendliche zu entfernen.

Man hat jetzt die zwei Differentialgleichungen erster Ordnung

$$v^2/2 - M/r = C,$$

$$y\frac{dx}{dt} - x\frac{dy}{dt} = C'.$$

Geht man zu Polarkoordinaten über, so ist der unendlich schmale Sektor gleich $r^2\,d\varphi/2$ und $v^2 = \dfrac{r^2\,d\varphi^2 + dr^2}{dt^2}$; also heißen die Differentialgleichungen:

$$\frac{1}{2}\left(\frac{dr}{dt}\right)^2 + \frac{1}{2}r^2\left(\frac{d\varphi}{dt}\right)^2 = C + \frac{M}{r},$$

$$r^2\frac{d\varphi}{dt} = C'.$$

Durch Elimination von dt erhält man die Differentialgleichung der Bahn:

$$\frac{1}{dt^2} = \frac{C'^2}{r^4 d\varphi^2},$$

$$\frac{1}{2r^4}\left(\frac{dr}{d\varphi}\right)^2 + \frac{1}{2r^2} = \frac{M}{rC'^2} + \frac{C}{C'^2}, \quad \text{d.h.}$$

$$\left(\frac{dr}{d\varphi}\right)^2 = -r^2 + \frac{2Mr^3}{C'^2} + \frac{2Cr^4}{C'^2},$$

$$d\varphi = \frac{dr}{\sqrt{-r^2 + \frac{2Mr^3}{C'^2} + \frac{2Cr^4}{C'^2}}}, \quad \text{d.h.}$$

$$\varphi = \int \frac{dr}{\sqrt{-r^2 + \frac{2Mr^3}{C'^2} + \frac{2Cr^4}{C'^2}}} + C''.$$

Führt man die Variable $\rho = 1/r$ ein, so wird:

$$\varphi = \int \frac{-d\rho}{\sqrt{2\frac{C}{C'^2} + \frac{\rho 2M}{C'^2} - \rho^2}} = \int \frac{-d\rho}{\sqrt{2\frac{C}{C'^2} + \frac{M^2}{C'^4} - \left(\rho - \frac{M}{C'^2}\right)^2}} + C''.$$

Durch Auswertung des Integrals erhalten wir

$$\varphi - \varphi_o = \arccos\{(\rho - M/C'^2)/\sqrt{2C/C'^2 + M^2/C'^4}\},$$

$$\rho - \frac{M}{C'^2} = \sqrt{2\frac{C}{C'^2} + \frac{M^2}{C'^4}} \cdot \cos(\varphi - \varphi_o).$$

Die Polargleichung der Bahn ist also:

$$r = \frac{C'^2/M}{1 + \sqrt{1 + 2CC'^2/M^2}\cos(\varphi - \varphi_o)}.$$

Rechnet man φ vom Perihel an, so ist $\varphi_o = 0$, also

$$r = \frac{p}{1 + e\cos\varphi}, \text{ wo } p = C'^2/M \text{ und}$$

$$e = \sqrt{1 + 2CC'^2/M^2} \text{ ist;}$$

d.h., die Bahn ist ein Kegelschnitt, in dessen einem Brennpunkt die Sonne steht.

Ob e größer oder kleiner als 1 ist, hängt aufgrund der Definition von dem Vorzeichen von C ab;

ist $C < 0$, so bewegt sich der Planet auf einer Ellipse,
für $C = 0$ auf einer Parabel und
für $C > 0$ auf einer Hyperbel.

Demnach bewegt sich der Planet auf einer Ellipse, wenn seine lebendige Kraft nicht ausreichen würde, um den Planeten ins Unendliche von der Sonne fortzutreiben; die Bahn wird eine Parabel, wenn die lebendige Kraft hierzu gerade hinreicht; eine Hyperbel, wenn noch Überschuß an lebendiger Kraft bleibt. Von der Richtung der Anfangsgeschwindigkeit hängt also die Gestalt der Bahn nicht ab, sondern nur von deren Größe. Es sei jetzt die Anfangsgeschwindigkeit senkrecht zu r_o. Dann ist:

$$2C = v_o^2 - 2M/r_o \quad \text{und} \quad C' = r_o v_o,$$

folglich $e = \sqrt{1 + r_o^2 v_o^2 (v_o^2 - 2M/r_o)/M^2}$.

1. Es sei zunächst v_o sehr klein, dann ist die Bahn eine sehr gestreckte Ellipse (im Grenzfall $v_o = 0$ ist $e = 1$ und die Bahn eine Doppellinie). Bei wachsendem v_o wird die Ellipse immer kreisähnlicher, und
2. für $v_o = \sqrt{M/r_o}$ wird $e = 0$, d.h., die Bahn ist ein Kreis, welcher natürlich mit konstanter Geschwindigkeit durchlaufen wird. Die Zentrifugalkraft ist dann $mv_o^2/r = mM/r_o^2$, d.h. gleich der Sonnenanziehung.
3. $v_o = \sqrt{2M/r_o}$ bewirkt $C = 0$ und $e = 1$; man erhält eine Parabel. Zwischen beiden Fällen liegen Ellipsen, in deren anderem Brennpunkt die Sonne liegt (bei schwacher Anfangsgeschwindigkeit ist die Anfangslage das Aphel, bei großer das Perihel).

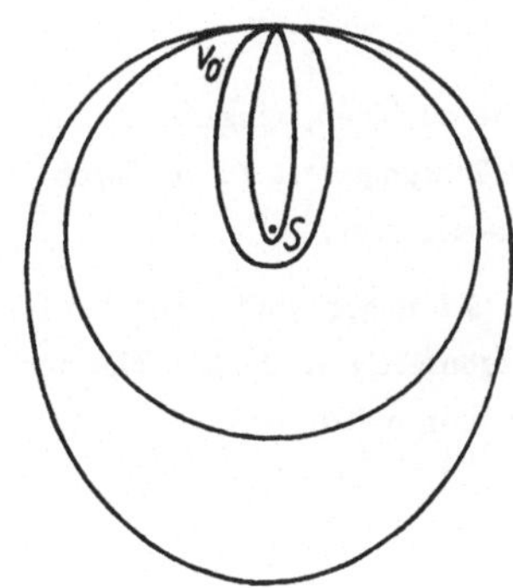

Für noch größeres v_o erhält man Hyperbeln. Es kommt nun darauf an, auch t zu bestimmen:

$$\left(\frac{dr}{dt}\right)^2 + \frac{1}{r^2}C'^2 = \frac{2M}{r} + 2C, \quad \text{also}$$

$$dt = \frac{dr}{\sqrt{-C'^2/r^2 + 2M/r + 2C}}, \quad \text{d.h.}$$

$$t = \int_{r_o}^{r} \frac{r\,dr}{\sqrt{-C'^2 + 2Mr + 2\,Cr^2}} + t_o.$$

Wir erhalten t als Funktion von r. Es ist aber notwendig, φ als Funktion von t zu ermitteln; dies geschieht nach der Keplerschen Methode, die auf die Keplersche Gleichung führt.

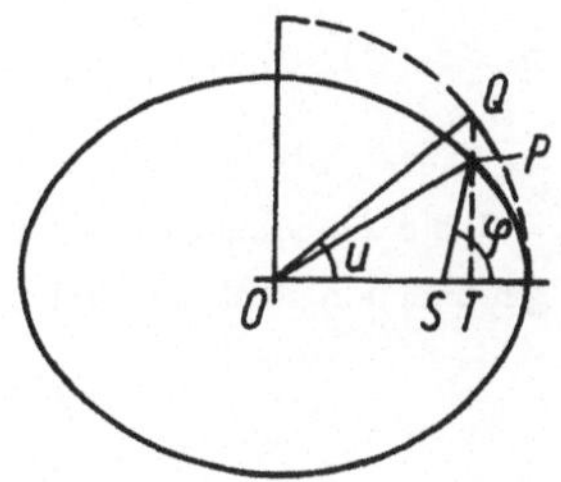

Sind a und b die Halbachsen, so ist $p = b^2/a$ und $e = \sqrt{a^2 - b^2}/a$. φ heißt die wahre Anomalie des Planeten P, und u die exzentrische Anomalie.

Es ist PT/QT = b/a, also $(r\sin\varphi)/(a\sin u) = b/a$ bzw. $b\sin u = r\sin\varphi$.

Ferner

$$a\cos u = a\,e + r\cos\varphi,$$

oder, da $r = \frac{p}{1 + e\cos\varphi}$,

$$a\cos u = a\,e + (p - r)/e.$$

Hieraus folgt, da $ae^2 + p = (a^2 - b^2)/a - b^2/a = a$,

$$r = a(1 - e\cos u).$$

Man braucht daher nur noch u als Funktion von t zu bestimmen. Dies geschieht mittels des Flächensatzes. Es sei Σ der Ellipsensektor vom Perihel an, dann ist $t : \Sigma = T : ab\pi$.

Man verbinde O mit P; dann ist

$$\Delta\,SOP = r\sin\varphi \cdot a \cdot e/2 = b\sin u\,a\,e/2;$$

Σ + Δ SOP ist ein konzentrischer Ellipsensektor.

Der Kreissektor vom Zentriwinkel u ist $\Sigma' = a^2 u/2$, und es ist $(\Sigma + \Delta) : \Sigma' = b : a$, folglich $\Sigma + \Delta = a \cdot b \cdot u/2$.

Folglich

$$b \sin u \, a e/2 + ab\pi \cdot T/t = abu/2,$$

$$t = \frac{T}{2\pi}(u - e \sin u).$$

Dies ist die Keplersche Gleichung. Es ist die Aufgabe zu lösen, dieselbe für u aufzulösen. Wenn e klein ist, so kann man einen ersten Näherungswert für u durch Vernachlässigung von $e \cdot \sin u$ erhalten und diesen dann korrigieren.

Hierbei ist die Sonne als ruhend betrachtet, und die Störungen sind nicht berücksichtigt; eigentlich hat man die Bewegung von n sich gegenseitig nach dem Newtonschen Gesetz bewegenden Körpern zu untersuchen (Problem der n Körper).

§7. Bewegung eines unfreien Punktes

Man betrachtet, wie früher beim Gleichgewicht, die auf den Punkt von der Fläche resp. Kurve ausgeübten Widerstandskräfte:

$$\lambda \frac{\partial \Phi}{\partial x}, \quad \lambda \frac{\partial \Phi}{\partial y}, \quad \lambda \frac{\partial \Phi}{\partial z} \quad \text{resp.}$$

$$\lambda \frac{\partial \Phi}{\partial x} + \mu \frac{\partial \Psi}{\partial x}, \quad \lambda \frac{\partial \Phi}{\partial y} + \mu \frac{\partial \Psi}{\partial y}, \quad \lambda \frac{\partial \Phi}{\partial z} + \mu \frac{\partial \Psi}{\partial z},$$

wenn $\Phi = 0$ die Gleichung der Fläche bzw. $\Phi = 0$, $\Psi = 0$ die Gleichungen der Kurve sind. Die Bewegungsgleichungen eines an eine Kurve gebundenen Punktes sind

$$m \frac{d^2x}{dt^2} = X + \lambda \frac{\partial \Phi}{\partial x} + \mu \frac{\partial \Psi}{\partial x},$$
$$m \frac{d^2y}{dt^2} = Y + \lambda \frac{\partial \Phi}{\partial y} + \mu \frac{\partial \Psi}{\partial y},$$
$$m \frac{d^2z}{dt^2} = Z + \lambda \frac{\partial \Phi}{\partial z} + \mu \frac{\partial \Psi}{\partial z}.$$

Diese Gleichungen sind so zu integrieren, daß λ und μ zunächst Unbekannte sind, und dann hat man λ und μ so zu bestimmen, daß für die gefundenen Integrale $x = \varphi(t)$, $y = \psi(t)$, $z = \chi(t)$ die Bedingungen $\Phi = 0$ und $\Psi = 0$ erfüllt sind.

Man erhält aus den Bewegungsgleichungen

$$d(\tfrac{1}{2} m v^2) = X dx + Y dy + Z dz + \lambda d\Phi + \mu d\Psi.$$

Nun sind aber $d\Phi = 0$ und $d\Psi = 0$; folglich ist wieder $dT = dA$, d.h., die unendlich kleine Zunahme der lebendigen Kraft ist gleich der während des Zeitelementes von den äußeren Kräften geleisteten Arbeit. Die Druckkräfte (Widerstandskräfte) leisten keine Arbeit, da sie senkrecht zur Bahn wirken. Gibt es eine Kräftefunktion $-V$, so ist

$$T + V = \text{const.}$$

Dann gilt also auch für einen an Flächen oder Kurven gebundenen Punkt der Energiesatz. Die Gleichung $T + V = C$ ist ein erstes Integral der Differentialgleichungen.

Hat der Punkt nur einen Grad der Freiheit, so kann man als unabhängige Variable den Bogen s einführen, da x, y, z bekannte Funktionen von s sind. Nun ist $v = \frac{ds}{dt}$, die Gleichung der lebendigen Kraft ist also:

$$\frac{1}{2} m \left(\frac{ds}{dt}\right)^2 + V = C.$$

V ist ebenfalls eine Funktion von s, also

$$\frac{1}{2} m \left(\frac{ds}{dt}\right)^2 + V(s) = C;$$

man hat somit für s eine Differentialgleichung erster Ordnung.

Hat der Punkt zwei Grade der Freiheit, so muß man zwei Differentialgleichungen erster Ordnung haben, für die beiden unabhängigen Variablen, welche man auf der Fläche einführen kann.

Im obigen Fall ist das Problem nunmehr auf eine einfache Quadratur zurückgeführt:

$$\left(\frac{ds}{dt}\right)^2 = \frac{2}{m}(C - V(s)),$$

$$t - t_o = \int_{s_o}^{s} \frac{\sqrt{m/2}\, ds}{\sqrt{C - V(s)}}.$$

§8. Beispiel: Mathematisches Pendel

Die Bewegung geschieht in der x-y-Ebene. Es ist

$$\Phi = -l^2 + (x^2 + y^2).$$

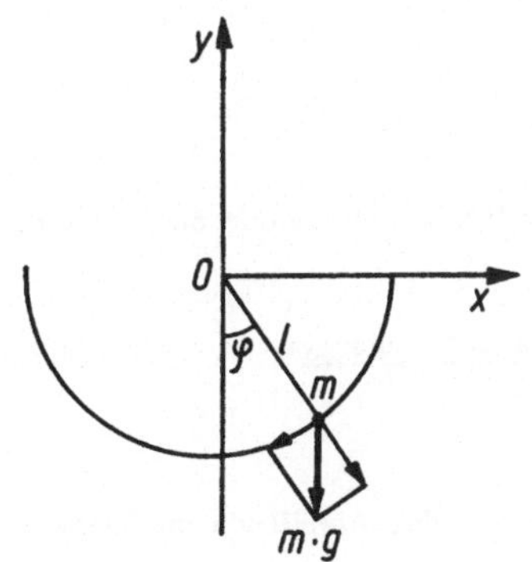

Die Bewegungsgleichungen sind daher:

$$m \frac{d^2 x}{dt^2} = \lambda \cdot 2x,$$

$$m \frac{d^2 y}{dt^2} = -mg + \lambda \cdot 2y.$$

Es ist $\lambda \sqrt{\left(\frac{\partial \Phi}{\partial x}\right)^2 + \left(\frac{\partial \Phi}{\partial y}\right)^2}$ allgemein der Druck auf die Bahn. Hier ist $\frac{\partial \Phi}{\partial x} = 2x$, $\frac{\partial \Phi}{\partial y} = 2y$ und $x^2 + y^2 = l^2$; folglich wird $2l\lambda$ die Spannung des Fadens.

Es ist $x = l \sin\theta$, $y = -l \cos\theta$,

$$\frac{dx}{dt} = l \cos\theta \frac{d\theta}{dt}, \qquad \frac{dy}{dt} = l \sin\theta \frac{d\theta}{dt}$$

und somit $(\frac{dx}{dt})^2 + (\frac{dy}{dt})^2 = l^2(\frac{d\theta}{dt})^2$; folglich

$$T = \frac{1}{2}ml^2(\frac{d\theta}{dt})^2.$$

Ferner ist $mgy = -mgl\cos\theta$, und folglich ist $\frac{1}{2}ml^2(\frac{d\theta}{dt})^2 = mgl\cos\theta + C$ die Gleichung der lebendigen Kraft.

Die Konstante C muß so beschaffen sein, daß die rechte Seite nicht immer negativ ist, d.h., es muß $C \geqq -mgl$ sein. Ist $C = -mgl$, so ruht der Punkt.

Das Pendel oszilliert, wenn T gleich Null werden kann, d.h., wenn $-mgl < C < mgl$ ist. Wenn $C > mgl$ ist, so rotiert das Pendel. Hier soll nur das oszillierende Pendel betrachtet werden. C bedeutet die lebendige Kraft des Pendels beim Durchgang durch die Ruhelage, vermindert um mgl; oder es ist $C = -mgl\cos\alpha$, wenn α der größte Ausschlag ist. Also ist

$$\frac{1}{2}l(\frac{d\theta}{dt})^2 = g(\cos\theta - \cos\alpha).$$

Dies ist die Differentialgleichung der Pendelschwingung. Durch direkte Betrachtung der Figur hätte man auch die Differentialgleichung

$$l\frac{d^2\theta}{dt^2} = -g\sin\theta$$

erhalten, deren erstes Integral die obige ist. Zugleich ergibt sich aus dieser Betrachtungsweise die Spannung. Die Normalkomponente der Schwerkraft ist $mg\cos\theta$, die Zentrifugalkraft

$$mv^2/l = 2mg(\cos\theta - \cos\alpha), \quad \text{d.h.}$$
$$2\lambda l = mg\cos\theta + 2mg(\cos\theta - \cos\alpha).$$

Also ist die Spannung

$$2\lambda l = 3mg\cos\theta - 2mg\cos\alpha = mg(3\cos\theta - 2\cos\alpha)$$

oder

$$\lambda = \frac{mg}{l}(3\cos\theta - 2\cos\alpha).$$

Im Fall unendlich kleiner Schwingungen geht die Differentialgleichung zweiter Ordnung über in $\frac{d^2\theta}{dt^2} = -\frac{g}{l}\theta$.

Die Pendelschwingungen sind dann also einfache Sinusschwingungen; es ist

$$\theta = A\sin\sqrt{g/l}\,(t - t_o).$$

Die Schwingungsdauer ist $T = 2\pi\sqrt{l/g}$; dieselbe ist von der Amplitude unabhängig (Isochronismus der Pendelschwingungen).

Der Isochronismus der gewöhnlichen Pendelschwingungen gilt nur für unendlich kleine

Schwingungen, deshalb ersetzte HUYGENS das Kreispendel bei den Pendeluhren durch das Zykloidpendel.

Wir beschäftigen uns nun mit der strengen Integration:

$$dt = \pm\sqrt{\frac{l}{2g}}\frac{d\theta}{\sqrt{\cos\theta - \cos\alpha}},$$

$$t = \int \pm\sqrt{\frac{l}{2g}}\frac{d\theta}{\sqrt{\cos\theta - \cos\alpha}}.$$

Zur Zeit $t = 0$ gehe das Pendel von links nach rechts durch die Ruhelage; dann ist bis zur Erreichung des größten Ausschlages das positive Zeichen zu nehmen, also

$$t = \sqrt{\frac{l}{2g}}\int_0^\theta \frac{d\theta}{\sqrt{\cos\theta - \cos\alpha}} = \frac{1}{2}\sqrt{\frac{l}{g}}\int_0^\theta \frac{d\theta}{\sqrt{\sin^2\frac{\alpha}{2} - \sin^2\frac{\theta}{2}}} = \sqrt{\frac{l}{g}}\int_0^{\frac{\theta}{2}} \frac{d\frac{\theta}{2}}{\sqrt{\sin^2\frac{\alpha}{2} - \sin^2\frac{\theta}{2}}}$$

Man setze $\xi\cdot\sin\frac{\alpha}{2} = \sin\frac{\theta}{2}$.

Dann sind die Grenzen für ξ, wenn θ von 0 bis α wächst, gerade 0 und 1. Es ist:

$$\frac{1}{2}\cos\frac{\theta}{2}\,d\theta = \frac{2d\xi\sin\frac{\alpha}{2}}{\sqrt{1 - \xi^2\sin^2\frac{\alpha}{2}}},$$

ferner $\sqrt{\sin^2\frac{\alpha}{2} - \sin^2\frac{\theta}{2}} = \sin\frac{\alpha}{2}\sqrt{1 - \xi^2}$, also

$$t = \sqrt{\frac{l}{g}}\int_0^\xi \frac{d\xi}{\sqrt{1 - \xi^2}\sqrt{1 - \xi^2\sin^2\frac{\alpha}{2}}}$$

Die Zeit ist ein elliptisches Integral 1. Art, dessen Modul gleich $\sin\frac{\alpha}{2}$ ist. Es ist nun:

$$\sin\frac{\theta}{2} = \sin\frac{\alpha}{2}\sin\operatorname{am}(\sqrt{\tfrac{g}{l}}\,t, \sin\tfrac{\alpha}{2}) \quad \text{oder}$$

$$\theta = 2\arcsin\{\sin\frac{\alpha}{2}\sin\operatorname{am}(\sqrt{\tfrac{g}{l}}\,t, \sin\tfrac{\alpha}{2})\}.$$

Hiernach ist der Ausschlagwinkel als Funktion der Zeit gegeben. Die Schwingungsdauer beträgt

$$T = 4\sqrt{\frac{l}{g}}\int_0^1 \frac{d\xi}{\sqrt{(1 - \xi^2)(1 - k^2\xi^2)}} = 4\sqrt{\frac{l}{g}}K(k), \qquad \text{wo } k = \sin\frac{\alpha}{2} \text{ ist.}$$

Um K zu berechnen, setze man $\xi = \sin\varphi$; dann ist

$$K = \int_0^{\pi/2} \frac{d\varphi}{\sqrt{1 - k^2\sin^2\varphi}} = \int_0^{\pi/2} \{1 + \frac{1}{2}k^2\sin^2\varphi + \frac{1\cdot 3}{2\cdot 4}k^4\sin^4\varphi + \frac{1\cdot 3\cdot 5}{2\cdot 4\cdot 6}k^6\sin^6\varphi + \ldots\}d\varphi.$$

Nun ist

$$\int_0^{\pi/2} \sin^{2n}\varphi\, d\varphi = \frac{\pi}{2}\,\frac{1\cdot 3\cdot 5\,\ldots\,(2n-1)}{2\cdot 4\cdot 6\,\ldots\,2n},$$

folglich

$$K = \frac{\pi}{2}\{1 + (\frac{1}{2}k)^2 + (\frac{1\cdot 3}{2\cdot 4}k^2)^2 + (\frac{1\cdot 3\cdot 5}{2\cdot 4\cdot 6}k^3)^2 + \ldots\}$$

und

$$T = 2\pi\sqrt{\frac{l}{g}}\{1 + (\frac{1}{2}\sin\frac{\alpha}{2})^2 + (\frac{1\cdot 3}{2\cdot 4}\sin^2\frac{\alpha}{2})^2 + (\frac{1\cdot 3\cdot 5}{2\cdot 4\cdot 6}\sin^3\frac{\alpha}{2})^2 + \ldots\}.$$

Ist α so klein, daß man die dritte Potenz von $\frac{\alpha}{2}$ vernachlässigen kann, so ist

$$T = 2\pi\sqrt{\frac{l}{g}}\{1 + \alpha^2/16\}.$$

Soll das Pendel gerade einen Ausschlag von 180° ergeben, so muß $v_0 = 2\sqrt{lg}$ sein.

Man hat dann $k = \sin\alpha/2 = 1$ zu setzen; dann wird

$$t = \sqrt{l/g}\int_0^{\xi}\frac{d\xi}{1 - \xi^2} = \frac{1}{2}\sqrt{\frac{l}{g}}\int_0^{\xi}(\frac{d\xi}{1 + \xi} + \frac{d\xi}{1 - \xi}) = \frac{1}{2}\sqrt{\frac{l}{g}}\log\frac{1 + \xi}{1 - \xi}.$$

Die Zeit ist also eine logarithmische Funktion von $\sin\theta/2$. Um T zu erhalten, ist $\xi = 1$ zu setzen; folglich wird T/4 logarithmisch unendlich groß.

§9. Zykloidenpendel

Man kann einen Punkt zwingen, sich unter dem Einfluß der Schwere auf einer gewöhnlichen Zykloide hin und her zu bewegen, indem man es so einrichtet, daß der Pendelfaden sich an die Äste der Evolute der zu beschreibenden Zykloide (das ist ebenfalls eine Zykloide) anlegt (HUYGENS).

Die Gleichung der Zykloide ist

$$x = a\varphi + a\sin\varphi,$$

$y = a - a\cos\varphi$, wo a der Radius des rollenden Kreises ist. Also

$$\frac{dy}{dx} = \frac{a\sin\varphi}{a(1 + \cos\varphi)} = \sqrt{\frac{1 - \cos\varphi}{1 + \cos\varphi}} = \sqrt{\frac{y}{2a - y}} \quad \text{und}$$

$$v^2 = \frac{dx^2 + dy^2}{dt^2} = \frac{d^2y}{dt^2}(1 + \frac{2a - y}{y}) = (\frac{dy}{dt})^2\frac{2a}{y}.$$

Das Integral der lebendigen Kraft ist

$$\frac{1}{2}mv^2 = -mgy + C.$$

Ist der tiefste Punkt der Zykloide die Anfangslage und Y die größte erreichte Höhe, so ist $C = mgY$, und man kann folgendermaßen rechnen:

$$\frac{1}{2}mv^2 = mg(Y - y),$$

$$(\frac{dy}{dt})^2\frac{a}{y} = g(Y - y),$$

$$\frac{a\,dy^2}{g(Y - y)y} = dt^2,$$

$$t = \sqrt{\frac{a}{g}}\int_0^y\frac{dy}{\sqrt{(Y - y)y}}.$$

Man setze $y = \frac{Y}{2} + \eta\frac{Y}{2}$; dann wird

$$(Y - y)y = (\frac{Y}{2})^2(1 - \eta)(1 + \eta), \quad dy = \frac{Y}{2}d\eta \text{ und}$$

$$t = \sqrt{\frac{a}{g}}\int_{-1}^{\eta}\frac{d\eta}{\sqrt{1 - \eta^2}} = \sqrt{\frac{a}{g}}(\arcsin\eta + \frac{\pi}{2}),$$

$$\eta = \sin(\sqrt{\frac{g}{a}}t - \frac{\pi}{2}) = -\cos\sqrt{\frac{g}{a}}t,$$

$$y = \frac{Y}{2}(1 - \cos\sqrt{\frac{g}{a}}t).$$

Die Schwingungszeit ist $T = 4\pi\sqrt{\frac{a}{g}} = 2\pi\sqrt{\frac{4a}{g}}$.

4a ist dabei die Länge des isochronen Kreispendels. Die Schwingungsdauer des Zykloidpendels ist unabhängig von Y, d.h., die Schwingung ist streng isochron.

§10. Schwingungen eines Kreispendels unter Einwirkung des Luftwiderstandes

Es sollen nur unendlich kleine Schwingungen betrachtet werden. Die Differentialgleichung war:

$$l\frac{d^2\theta}{dt^2} = -g\sin\theta.$$

Es sei $t = 0$ zur Zeit des größten Ausschlages α. Dann ist $-\mu\frac{d\eta}{dt}$ hinzuzufügen, wo μ der Reibungskoeffizient ist. Also:

$$l\frac{d^2\theta}{dt^2} + \mu\frac{d\theta}{dt} + g\sin\theta = 0$$

oder bei kleinen Schwingungen

$$l\frac{d^2\theta}{dt^2} + \mu\frac{d\theta}{dt} + g\theta = 0.$$

Diese Differentialgleichung wurde schon früher in der Form:

$$\frac{d^2x}{dt^2} + 2\lambda\frac{dx}{dt} + k^2x = 0$$

behandelt, beide stimmen überein, wenn $2\lambda = \frac{\mu}{l}$ und $k^2 = \frac{g}{l}$ gesetzt wird. Die Schwingungsdauer ist

$$T = 2\pi/\sqrt{k^2 - \lambda^2} = 2\pi/\sqrt{\frac{g}{l} - \frac{\mu^2}{4l^2}} = 2\pi\sqrt{\frac{l}{g}}\frac{1}{\sqrt{1 - \frac{\mu^2}{4gl}}},$$

oder angenähert $T = 2\pi\sqrt{\frac{l}{g}}(1 + \frac{\mu^2}{8gl})$, also ein wenig größer als vorher; die Schwingungen sind aber noch (wenn sie unendlich klein sind) isochron.

Es soll jetzt angenommen werden, daß der Luftwiderstand dem Quadrat der Geschwindigkeit proportional ist.

Während das Pendel vom größten Ausschlag herabfällt, ist die Differentialgleichung

$$ml\frac{d^2\theta}{dt^2} = -mg\sin\theta + \frac{ml^2g}{k^2}\left(\frac{d\theta}{dt}\right)^2,$$

dagegen für die Periode des Wachsens des Ausschlages:

$$ml\frac{d^2\theta}{dt^2} = -mg\sin\theta - \frac{ml^2g}{k^2}\left(\frac{d\theta}{dt}\right)^2,$$

da hier der Luftwiderstand in dem selben Sinne wirkt wie die Schwere. Hierbei bezeichnet $\frac{ml^2g}{k^2}$ den Reibungskoeffizienten. (Im obigen Falle hatte man nur eine Differentialgleichung, weil die erste Potenz von $\frac{d\theta}{dt}$ von selbst das Zeichen wechselt.) Für unendlich kleine Amplituden hat man die beiden Differentialgleichungen:

$$\frac{d^2\theta}{dt^2} + \frac{g}{l}\theta = \frac{gl}{k^2}\left(\frac{d\theta}{dt}\right)^2 \qquad \text{(für den Rückgang)},$$

$$\frac{d^2\theta}{dt^2} + \frac{g}{l}\theta = -\frac{gl}{k^2}\left(\frac{d\theta}{dt}\right)^2.$$

Es sei $t = 0$ für $\theta = \alpha$. Ist der Luftwiderstand Null, so erhält man das Integral:

$$\theta = \alpha\cos\left(t\sqrt{\tfrac{g}{l}}\right);$$

ein angenäherter Wert für $\frac{d\theta}{dt}$ ist daher $-\sqrt{\frac{g}{l}}\,\alpha\sin\left(t\sqrt{\frac{g}{l}}\right)$, und dieser wird eingesetzt:

$$\frac{d^2\theta}{dt^2} + \frac{g}{l}\theta = \frac{g^2\alpha^2}{k^2}\sin^2\left(t\sqrt{\tfrac{g}{l}}\right).$$

Für $\sin^2\left(t\sqrt{\frac{g}{l}}\right)$ setzen wir $\left(1 - \cos\left(2\cdot t\sqrt{\frac{g}{l}}\right)\right)/2$; dann ist die angenäherte Differentialgleichung

$$\frac{d^2\theta}{dt^2} + \frac{g}{l}\theta = \frac{g^2\alpha^2}{2k^2} - \frac{g^2\alpha^2}{2k^2}\cos\left(2\cdot t\sqrt{\tfrac{g}{l}}\right).$$

Dies ist eine lineare Differentialgleichung mit zweitem Glied. Man sucht eine Partikularlösung θ_o und dann zwei Lösungen θ_1 und θ_2 der Gleichung $\frac{d^2\theta}{dt^2} + \frac{g}{l}\theta = 0$.

Dann ist $\theta_o + c_1\theta_1 + c_2\theta_2$ das allgemeine Integral, wie man durch Einsetzen leicht sieht. Es gilt allgemein die Regel:

"Ist eine lineare Differentialgleichung n-ter Ordnung mit zweitem Glied vorgelegt, so suche man zuerst ein partikuläres Integral θ_o und dann n Lösungen $\theta_1, \ldots, \theta_n$ derjenigen Differentialgleichung, welche man durch Weglassung des zweiten Gliedes erhält; dann ist das allgemeine Integral der vorgelegten Differentialgleichung

$$\theta = \theta_o + c_1\theta_1 + \ldots + c_n\theta_n."$$

In unserem Falle setze man versuchsweise

$$\theta_o = a + b\cos\left(2t\sqrt{\tfrac{g}{l}}\right).$$

Dann ist $\frac{d\theta_o}{dt} = -2b\sqrt{\frac{g}{l}}\sin\left(2t\sqrt{\frac{g}{l}}\right)$ und

$$\frac{d^2\theta_o}{dt^2} = -4b\frac{g}{l}\cos\left(2t\sqrt{\tfrac{g}{l}}\right).$$

Man erhält also

$$-4b\frac{g}{l}\cos(2t\sqrt{\tfrac{g}{l}}) + \frac{ga}{l} + \frac{gb}{l}\cos(2t\sqrt{\tfrac{g}{l}}) = \frac{g^2\alpha^2}{2k^2} - \frac{g^2\alpha^2}{2k^2}\cos(2t\sqrt{\tfrac{g}{l}}).$$

Hieraus kann man a und b in der Tat bestimmen; also ist

$$\theta_o = \frac{gl\alpha^2}{2k^2} + \frac{gl\alpha^2}{6k^2}\cos(2\sqrt{\tfrac{g}{l}}t)$$

ein partikuläres Integral.

Ferner kann man $\theta_1 = \sin\sqrt{\frac{g}{l}}t$ und $\theta_2 = \cos\sqrt{\frac{g}{l}}t$ setzen; also ist die allgemeine Lösung:

$$\theta = \frac{gl\alpha^2}{2k^2} + \frac{gl\alpha^2}{6k^2}\cos(2\sqrt{\tfrac{g}{l}}t) + c_1\sin\sqrt{\tfrac{g}{l}}t + c_2\cos\sqrt{\tfrac{g}{l}}t.$$

Für $t = 0$ soll $\theta = 0$ und $\frac{d\theta}{dt} = 0$ werden. Daher muß (wegen $\left.\frac{d\theta}{dt}\right|_{t=0} = 0$) der Sinus wegfallen, d.h. $c_1 = 0$, und es muß sein

$$\frac{gl\alpha^2}{2k^2} + \frac{gl\alpha^2}{6k^2} + c_2 = \alpha, \quad \text{d.h.}$$

$$c_2 = \alpha - \frac{2}{3}\frac{gl\alpha^2}{k^2}; \quad \text{also}$$

$$\theta = \frac{gl\alpha^2}{2k^2} + \frac{gl\alpha^2}{6k^2}\cos(2\sqrt{\tfrac{g}{l}}t) + (\alpha - \frac{2}{3}\frac{gl\alpha^2}{k^2})\cos\sqrt{\tfrac{g}{l}}\,t.$$

Hieraus folgt

$$\frac{d\theta}{dt} = -\alpha\frac{g}{l}\sin\sqrt{\tfrac{g}{l}}t(1 - \frac{4}{3}\frac{gl\alpha}{k^2}\sin^2(\tfrac{1}{2}\sqrt{\tfrac{g}{l}}t)).$$

$\frac{d\theta}{dt}$ verschwindet zuerst für $t = 0$; der zweite Faktor wird nie Null, da α sehr klein und k^2 groß ist (denn k^2 steht im Nenner des Luftwiderstandskoeffizienten). Daher wird $\frac{d\theta}{dt}$ zum nächsten Mal wieder gleich Null für $t = \pi\sqrt{\frac{l}{g}}$; die Dauer der Halbschwingung ist also genau so groß, als ob kein Luftwiderstand vorhanden wäre. Aber um die erste Hälfte bis zur Ruhelage zurückzulegen, d.h. den Winkel α, braucht das Pendel mehr Zeit als $\frac{\pi}{2}\sqrt{\frac{l}{g}}$, und um wieder zum nächsten Umkehrpunkt (α') zu gelangen, braucht es weniger Zeit als $\frac{\pi}{2}\sqrt{\frac{l}{g}}$.

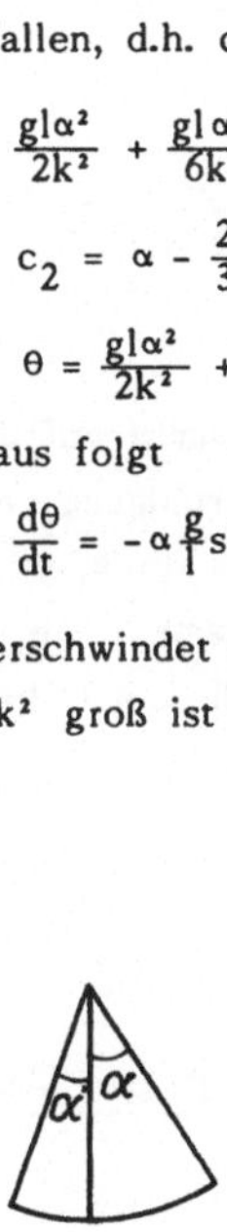

Die Bewegung des Pendels ist also unsymmetrisch. Um die Dauer der ersten Viertelschwingung zu berechnen, setze man $t = \sqrt{\frac{l}{g}}(\frac{\pi}{2} + \varepsilon)$ in den Ausdruck für θ ein und dann $\theta = 0$:

$$0 = \frac{gl\alpha^2}{2k^2} - \frac{gl\alpha^2}{6k^2}\cos 2\varepsilon + (\alpha - \frac{2}{3}\frac{gl\alpha^2}{k^2})\sin\varepsilon.$$

Hieraus ist ε zu bestimmen. Da ε klein ist, kann man $\cos 2\varepsilon = 1$ und $\sin\varepsilon = \varepsilon$ setzen sowie $\varepsilon\alpha^2$ weglassen. Dann folgt:

$$\varepsilon = \frac{gl\alpha}{3k^2}.$$

Die Dauer der ersten Viertelschwingung ist also $t_1 = \sqrt{\frac{l}{g}}(\frac{\pi}{2} + \frac{gl\alpha}{3k^2})$ und diejenige der zweiten $t_2 = \sqrt{\frac{l}{g}}(\frac{\pi}{2} - \frac{gl\alpha}{3k^2})$. Der Ausschlag α' ist gleich $\theta(\pi\sqrt{\frac{l}{g}})$, also

$$\alpha' = -\alpha(1 - \frac{4}{3}\frac{gl\alpha}{k^2}).$$

Die Schwingung von α' nach α'' folgt natürlich nach denselben Gesetzen; nur mit Umkehr des Vorzeichens. Die Dauer jeder Halbschwingung ist gleich $\pi\sqrt{\frac{l}{g}}$.

§11. Bewegung eines Punktes auf einer Fläche

Ist die Fläche durch $\Phi(x,y,z) = 0$ gegeben, so sind die Bewegungsgleichungen

$$m\frac{d^2x}{dt^2} = -\frac{\partial V}{\partial x} + \lambda\frac{\partial\Phi}{\partial x},$$

$$m\frac{d^2y}{dt^2} = -\frac{\partial V}{\partial y} + \lambda\frac{\partial\Phi}{\partial y},$$

$$m\frac{d^2z}{dt^2} = -\frac{\partial V}{\partial z} + \lambda\frac{\partial\Phi}{\partial z}.$$

Ein erstes Integral liefert der Satz von der lebendigen Kraft:

$$V + \frac{1}{2}mv^2 = \text{const.}$$

Ist V konstant, d.h. wirken keine äußeren Kräfte, so bewegt sich der Punkt auf der Fläche mit konstanter Geschwindigkeit, und zwar, da die Normalbeschleunigung (vom Normaldruck allein herrührend) in der Oskulationsebene der Bahn liegt, auf einer geodätischen Linie der Fläche. Die geodätische Linie ist zugleich die kürzeste Linie auf der Fläche zwischen zwei Punkten. Die Bewegungsgleichungen sind in diesem Falle

$$\frac{d^2x}{dt^2} = \frac{\lambda}{m}\frac{\partial\Phi}{\partial x},$$

$$\frac{d^2y}{dt^2} = \frac{\lambda}{m}\frac{\partial\Phi}{\partial y},$$

$$\frac{d^2z}{dt^2} = \frac{\lambda}{m}\frac{\partial\Phi}{\partial z}.$$

Ist T die Spannung des Fadens, so sind die Differentialgleichungen der Fadenkurve auf der Fläche Φ:

$$\frac{d}{ds}(T\frac{dx}{ds}) = \rho\frac{\partial\Phi}{\partial x},$$

$$\frac{d}{ds}(T\frac{dy}{ds}) = \rho\frac{\partial\Phi}{\partial y},$$

$$\frac{d}{ds}(T\frac{dz}{ds}) = \rho\frac{\partial\Phi}{\partial z},$$ oder, da T konstant ist:

$$\frac{d^2x}{ds^2} = \frac{\rho}{T}\frac{\partial\Phi}{\partial x},$$

$$\frac{d^2y}{ds^2} = \frac{\rho}{T}\frac{\partial\Phi}{\partial y},$$

$$\frac{d^2z}{ds^2} = \frac{\rho}{T}\frac{\partial\Phi}{\partial z}.$$

Da nun die Zeit hier dem Bogen proportional ist, so sind die Differentialgleichungen für die Bahnkurve und die Fadenkurve bei Abwesenheit äußerer Kräfte in der Tat identisch. Der Druck hat jedoch in beiden Fällen entgegengesetztes Vorzeichen.

Ein zweites Integral erhält man in einem gewissen allgemeinen Fall mittels des Flächensatzes. Derselbe war bisher nur für die Bewegung in der Ebene abgeleitet. Ist die Kraft nach einem Zentrum (Nullpunkt) hin gerichtet, so ist

$$y\frac{d^2x}{dt^2} - x\frac{d^2y}{dt^2} = 0, \qquad y\frac{dx}{dt} - x\frac{dy}{dt} = C_1,$$

$$z\frac{d^2y}{dt^2} - y\frac{d^2z}{dt^2} = 0 \text{ bzw. } z\frac{dy}{dt} - y\frac{dz}{dt} = C_2,$$

$$x\frac{d^2z}{dt^2} - z\frac{d^2x}{dt^2} = 0, \qquad x\frac{dz}{dt} - z\frac{dx}{dt} = C_3.$$

Wenn ein Punkt sich unter Wirkung einer Zentralkraft bewegt, so kennt man stets drei erste Integrale durch die drei Flächensätze für die drei Koordinaten.

Es soll nun angenommen werden, daß sich ein Punkt auf einer Rotationsfläche bewegt, deren Gleichung

$$z = f(r) = f(\sqrt{x^2 + y^2})$$

(z-Achse als Rotationsachse) oder $z - f(r) = 0$ ist. Weiterhin sollen Kräfte, etwa die Schwere, nur parallel zur z-Achse wirken. Dann ist

$$m\frac{d^2x}{dt^2} = \lambda\frac{\partial\Phi}{\partial x} = -\lambda\frac{\partial f}{\partial r}\cdot\frac{x}{r},$$

$$m\frac{d^2y}{dt^2} = -\lambda\frac{\partial f}{\partial r}\frac{y}{r},$$

$$m\frac{d^2z}{dt^2} = -gm - \lambda\frac{\partial\Phi}{\partial z} = -gm - \lambda.$$

Aus den zwei ersten Gleichungen folgt:

$$y\frac{d^2x}{dt^2} - x\frac{d^2y}{dt^2} = 0, \quad \text{also}$$

$$y\frac{dx}{dt} - x\frac{dy}{dt} = C'.$$

Es gilt also der Flächensatz in bezug auf die zur Rotationsachse senkrechte (Horizontal-) Ebene.

Der Flächensatz in bezug auf die x-y-Ebene gilt überhaupt immer, wenn die Resultante der X- und Y-Komponente die z-Achse schneidet, also, wenn die Resultante aller auf den Punkt wirkenden Kräfte immer die z-Achse schneidet.

Das Integral der lebendigen Kraft ist in unserem Falle, da $V = mgz$ ist,

$$\frac{1}{2}\left(\left(\frac{dx}{dt}\right)^2 + \left(\frac{dy}{dt}\right)^2 + \left(\frac{dz}{dt}\right)^2\right) + gz = C.$$

Man führt nun gemischte Polarkoordinaten (z,r,φ)ein (überhaupt führt man neue Koordinaten in der Mechanik immer erst dann ein, wenn man die ersten Integrale in rechtwinkligen Koordinaten erhalten hat).

Es gilt

$$dx^2 + dy^2 = dr^2 + r^2 d\varphi^2 \qquad \text{und} \qquad ydx - xdy = r^2 d\varphi .$$

Also hat man die drei Gleichungen:

$$\frac{1}{2}\{(\frac{dr}{dt})^2 + r^2(\frac{d\varphi}{dt})^2 + (\frac{dz}{dt})^2\} + gz = C,$$

$$r^2\frac{d\varphi}{dt} = C',$$

$$z = f(r).$$

Zur Zeit t_o seien r_o, φ_o, z_o die Koordinaten, v_o die Geschwindigkeit des Punktes, und v_o bilde mit dem Parallelkreis den Winkel α_o. Dann ist zur Zeit t_o:

$$r^2\frac{d\varphi}{dt} = r_o v_o \cos\alpha_o, \quad \text{folglich}$$

$$C' = r_o v_o \cos\alpha_o .$$

Ferner ist $\frac{1}{2}v_o^2 + gz_o = C$, d.h.

$$\frac{1}{2}\{(\frac{dr}{dt})^2 + r^2(\frac{d\varphi}{dt})^2 + (\frac{dz}{dt})^2\} = -gz + gz_o + \frac{1}{2}v_o^2,$$

$$r^2\frac{d\varphi}{dt} = r_o v_o \cos\alpha_o .$$

Nun ist $\frac{dz}{dt} = f'\frac{dr}{dt}$, also $(\frac{dz}{dt})^2 = (f')^2\frac{dr^2}{dt^2}$.

$\frac{d\varphi}{dt}$ werde nun aus der zweiten Gleichung in die erste eingesetzt:

$$\frac{dr^2(1 + (f')^2)}{2dt^2} = -\frac{r_o^2 v_o^2\cos^2\alpha_o}{2r^2} - gf(r) - gz_o + \frac{1}{2}v_o^2,$$

$$dr^2(1 + (f')^2) = (\frac{-r_o^2 v_o^2\cos^2\alpha_o}{r^2} - 2gf(r) + 2gz_o + v_o^2)dt^2 \qquad \text{bzw.}$$

$$dt = \frac{dr\sqrt{1 + (f'(r))^2}\, r}{\sqrt{r^2(v_o^2 + 2gz_o - 2gf(r)) - r_o^2 v_o^2\cos^2\alpha_o}}, \qquad \text{woraus}$$

$$\underline{t - t_o} = \int_{r_o}^{r}\frac{r\sqrt{1 + (f'(r))^2}\,dr}{\sqrt{r^2(v_o^2 + 2gz_o - 2gf(r)) - r_o^2 v_o^2\cos^2\alpha_o}} \qquad \text{folgt.}$$

Da $d\varphi = \frac{r_o v_o \cos\alpha_o}{r^2}dt$, gilt

$$\underline{\varphi - \varphi_o} = \int_{r_o}^{r}\frac{r_o v_o\cos\alpha_o\sqrt{1 + (f'(r))^2}\,dr}{r\sqrt{r^2(v_o^2 + 2gz_o - 2gf(r)) - r_o^2 c_o^2\cos\alpha_o}}.$$

φ und t lassen sich also als Integrale gewisser Funktionen von r darstellen, d.h., das Problem läßt sich durch einfache Quadraturen lösen. Für die Bewegung auf einer geodätischen Linie braucht man nur $g = 0$ zu setzen; man erhält somit die Gleichungen dieser Linien auf der Rotationsfläche.

Der Flächensatz läßt sich auch so ausdrücken: $rv\cos\alpha$ ist eine Konstante. Bei der Bewegung auf einer geodätischen Linie ist v konstant, folglich ist für eine geodätische Linie auf einer Rotationsfläche $r\cos\alpha = C$. Der Winkel α muß also umso kleiner werden, je kleiner r ist. Da aber $\cos\alpha$ nicht größer als 1 wird, so werden diejenigen Kreise, für welche $r = C$ ist, von der geodätischen Linie berührt, und in solche Teile der Oberfläche, für welche $r < C$ ist, dringt dieselbe gar nicht ein.

Beispiel: geodätische Linie auf einem Kreiskegel.
Man kann den Kegelmantel auf die Ebene abwickeln; dabei müssen die geodätischen Linien in Geraden übergehen. Wickelt man dann wieder auf, so ist klar, daß die geodätische Linie einen höchsten Punkt haben muß und von diesem aus sich nach beiden Seiten symmetrisch herabwindet.

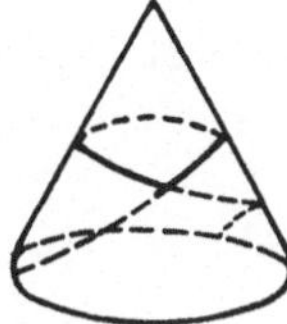

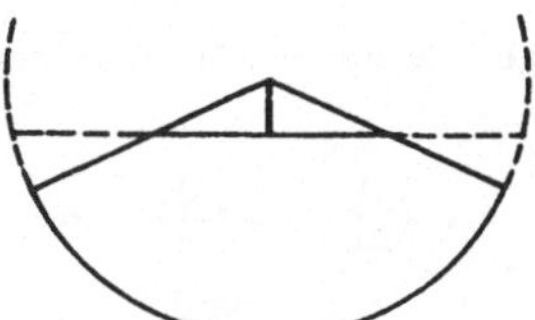

§12. Prinzip von D'ALEMBERT

Man kann die allgemeinen Bewegungsgleichungen für einen unfreien Punkt in folgender Weise schreiben:

$$0 = -m\frac{d^2x}{dt^2} + X + \lambda\frac{\partial\Phi}{\partial x} + \mu\frac{\partial\Psi}{\partial x},$$

$$0 = -m\frac{d^2y}{dt^2} + Y + \lambda\frac{\partial\Phi}{\partial y} + \mu\frac{\partial\Psi}{\partial y},$$

$$0 = -m\frac{d^2z}{dt^2} + Z + \lambda\frac{\partial\Phi}{\partial z} + \mu\frac{\partial\Psi}{\partial z}.$$

Vergleicht man diese mit den Gleichgewichtsbedingungen, so ergibt sich der Satz:

Der Punkt bewegt sich so, daß am Punkt Gleichgewicht herrschen würde für Kräfte, deren Komponenten

$$X - m\frac{d^2x}{dt^2}, \qquad Y - m\frac{d^2y}{dt^2}, \qquad Z - m\frac{d^2z}{dt^2}$$

sind.

Es muß daher für alle virtuellen Verrückungen des Punktes

$$\left[X - m\frac{d^2x}{dt^2}\right]\delta x + \left[Y - m\frac{d^2y}{dt^2}\right]\delta y + \left[Z - m\frac{d^2z}{dt^2}\right]\delta z = 0$$

sein. In dieser Gleichung sind die Bewegungsgleichungen des Punktes enthalten.

§13. Beispiel zur Bewegung eines Punktes mit zwei Graden der Freiheit: Konisches Pendel

Die Kugelschale, auf welcher sich der Punkt bewegt, werde von oben betrachtet. Der Punkt beschreibt im allgemeinen eine nicht geschlossene Kurve, deren höchste Punkte alle auf einem horizontalen Kreis und deren tiefste Punkte auf einem anderen (kleineren) Horizontalkreis liegen (Berührungspunkte).

Es sei l die Länge des Fadens (Radius der Kugel). Dann ist $r^2 + z^2 = l^2$.

Erste Gleichung:

$$v^2 = \left(\frac{dr}{dt}\right)^2 + r^2\left(\frac{d}{dt}\right)^2 + \left(\frac{dz}{dt}\right)^2 = -2gz + 2gz_0 + v_0^2,$$

wenn zur Zeit $t = 0$ $v = v_0$ und $z = z_0$ ist.

Zweite Gleichung:

$$r^2\frac{d\varphi}{dt} = r_0 v_0 \cos\alpha_0 .$$

Hier soll r eliminiert, d.h. durch z ausgedrückt werden. Wir erhalten:

$$dr = -dz\frac{z}{r},$$

$$dr^2 + dz^2 = \frac{z^2 + r^2}{r^2}dz^2 = \frac{l^2}{l^2 - z^2}dz^2,$$

$$\frac{d\varphi}{dt} = \frac{r_0 v_0 \cos\alpha_0}{l^2 - z^2},$$

$$\frac{l^2}{l^2 - z^2}\left(\frac{dz}{dt}\right)^2 + \frac{r_0^2 v_0^2 \cos^2\alpha_0}{l^2 - z^2} = v_0^2 + 2gz_0 - 2gz,$$

$$l^2\left(\frac{dz}{dt}\right)^2 = (v_0^2 + 2gz_0 - 2gz)(l^2 - z^2) - r_0 v_0^2 \cos^2\alpha_0,$$

$$dt = \pm\frac{l\,dz}{\sqrt{(z^2 - l^2)(2gz - 2gz_0 - v_0^2) - r_0^2 v_0^2 \cos^2\alpha_0}},$$

$$t - t_0 = l\int_{z_0}^{z}\frac{dz}{\sqrt{(z^2 - l^2)(2gz - 2gz_0 - v_0^2) - r_0^2 v_0^2 \cos^2\alpha_0}}.$$

Dies ist ein elliptisches Integral erster Art, wie beim gewöhnlichen Kreispendel.

Nimmt man $\alpha_0 = 90^\circ$, so ist der Nenner $\sqrt{(z+1)(z-1)(2gz - 2gz_0 - v_0^2)}$, und man kommt auf das gewöhnliche Pendel zurück. Die Erleichterung, welche beim gewöhnlichen Pendel eintritt, liegt nur darin, daß die Funktion dritten Grades unter der Quadratwurzel schon in ihre Faktoren zerlegt und daher die Reduktion auf die Normalform eines elliptischen Integrals erster Art einfacher ist.

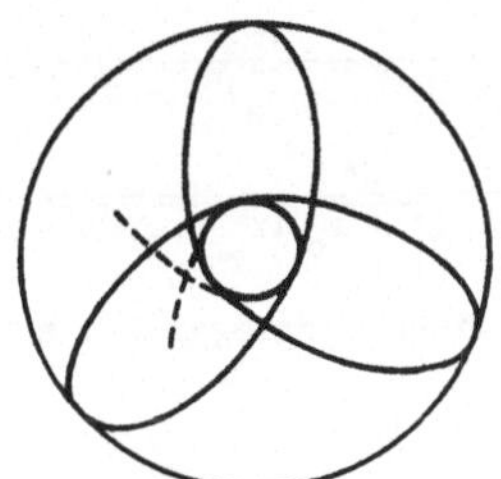

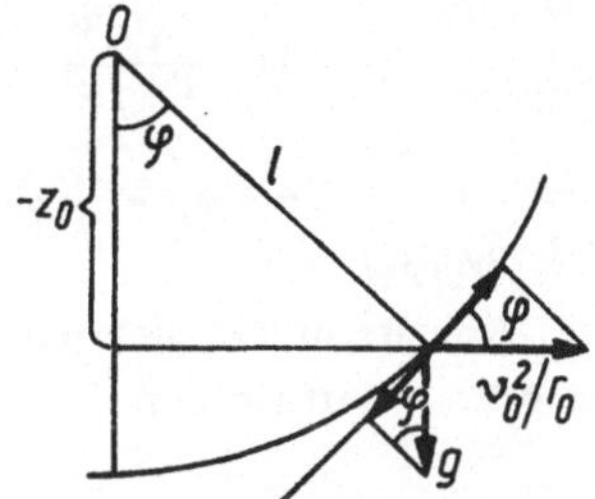

Es sei $z = z_0$ der tiefste Parallelkreis, welcher von der Bahnkurve berührt wird; dann ist $\alpha_0 = 0$. Die Zentrifugalkraft im tiefsten Punkt ist v_0^2/r_0; die nach der Tangentialebene genommene Komponente derselben ist $\frac{v_0^2}{r_0}\cos\varphi$, die der Schwerkraft $g\sin\varphi$. Es muß daher, damit $z = z_0$ der tiefste Punkt ist,

$$\frac{v_0^2}{r_0}\cos\varphi > g\sin\varphi \quad \text{sein, d.h.}$$

$$v_0^2 > r_0 \frac{g}{\operatorname{cotg}\varphi} \quad \text{oder} \quad v_0^2 > \frac{r_0^2 g}{(-z_0)}\,.$$

Für $r_0^2 v_0^2$ kann man $(l^2 - z_0^2)v_0^2$ setzen; also, da der Radikand für $z = z_0$ verschwindet, wird

$$t - t_0 = \int_{z_0}^{z} \frac{l\,dz}{\sqrt{(z - z_0)[2g(z^2 - l^2) - v_0^2(z + z_0)]}};$$

$$2g(z^2 - l^2) - v_0(z + z_0) \quad \text{sei gleich} \quad 2g(z - z_1)(z - z_2);$$

dann ist

$$t - t_0 = \int_{z_0}^{z} \frac{l}{\sqrt{2g}} \frac{dz}{\sqrt{(z - z_0)(z - z_1)(z - z_2)}}.$$

Für $z = z_0 + dz$ wird der Radikand gleich $dz(-2gr_0^2 - 2v_0^2 z_0)$; dieser Ausdruck ist aber in Folge der Ungleichung $v_0^2 > \frac{r_0^2 g}{(-z_0)}$ positiv. Für $z = z_0 + dz$ ist also der Radikand positiv, für $z = z_0 - dz$ negativ. Für $z = +l$ und $z = -l$ ist der Radikand negativ; für $z = +\infty$ ist er positiv, für $z = -\infty$ negativ und für $z = 0$ positiv. Daher muß zwi-

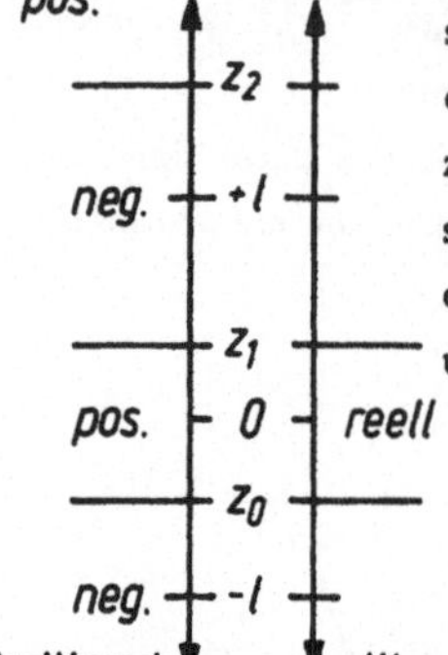

schen 0 und +1 eine Wurzel z_1 liegen und zwischen +1 und ∞ die andere Wurzel z_2. Also ist $\sqrt{(z - z_0)(z - z_1)(z - z_2)}$ reell zwischen z_0 und z_1 und zwischen z_2 und $+\infty$. Da nun der Punkt seine Bewegung bei z_0 beginnt, so folgt, daß die z-Koordinate des Punktes sich immer in dem Intervall von z_0 bis z_1 bewegt und niemals über diese Grenzen hinauskommt. Es gilt:

$$d\varphi = \frac{r_o v_o dt}{l^2 - z^2} = \frac{r_o v_o l}{\sqrt{2g}} \frac{dz}{(l^2 - z^2)\sqrt{(z - z_0)(z - z_1)(z - z_2)}},$$

$$\varphi - \varphi_0 = \frac{r_o v_o l}{\sqrt{2g}} \int_{z_0}^{z} \frac{dz}{(l^2 - z^2)\sqrt{(z - z_0)(z - z_1)(z - z_2)}}.$$

Der Winkel φ des Azimuts drückt sich durch z also durch ein Aggregat von elliptischen Integralen dritter Gattung aus.

§14. Probleme der Relativbewegung

Im Raum sei ein festes Koordinatensystem x', y', z' gegeben; die Koordinaten in bezug auf ein bewegliches System seien x, y, z. Es ist:

$$x = \varphi(x',y',z';t),$$
$$y = \psi(x',y',z';t),$$
$$z = \chi(x',y',z';t).$$

Man kann nun zunächst jede gestellte Aufgabe für das feste Koordinatensystem durchführen, d.h., die absolute Bewegung des Punktes bestimmen und für x', y', z' die dann gefundenen Funktionen von t in x, y, z einsetzen.

Ein zweiter Weg ist der, daß man nicht erst x', y', z' als Funktionen von t bestimmt, sondern gleich in die Differentialgleichungen der Bewegung x, y, z einführt und die so erhaltenen Differentialgleichungen der Relativbewegung direkt integriert. Dieses Verfahren soll hier angewendet werden. Die Komponenten der relativen Geschwindigkeit sind $\frac{dx}{dt}, \frac{dy}{dt}, \frac{dz}{dt}$; die der relativen Beschleunigung $\frac{d^2x}{dt^2}, \frac{d^2y}{dt^2}, \frac{d^2z}{dt^2}$.

Es fragt sich nun, wie Relativgeschwindigkeit und Relativbeschleunigung mit der absoluten Geschwindigkeit und der absoluten Beschleunigung zusammenhängen.

Zunächst werde nur eine Bewegung in der x,y-Ebene betrachtet, und das bewegte Koordinatensystem werde nur parallel verschoben; dann ist:

$$x' = x + a(t),$$
$$y' = y + b(t),$$

wo a(t) und b(t) die Koordinaten des Nullpunktes O des beweglichen Systems sind.

Weiterhin ist:

$$\frac{dx'}{dt} = \frac{dx}{dt} + \frac{da(t)}{dt},$$

$$\frac{dy'}{dt} = \frac{dy}{dt} + \frac{db(t)}{dt}$$

oder $v' = v + v'_o$ als Strecken aufgefaßt; d.h. die absolute Geschwindigkeit eines Punktes ist gleich der geometrischen Summe der relativen Geschwindigkeit und der Geschwindigkeit des beweglichen Koordinatenanfangspunktes (v'_o); letztere ist die Geschwindigkeit, welche der Punkt besitzen würde, wenn er mit dem beweglichen Koordinatensystem fest verbunden wäre; dieselbe werde mit (v') bezeichnet.

Dann ist also:

$$v' = v + (v').$$

Weiter ist:

$$\frac{d^2x'}{dt^2} = \frac{d^2x}{dt^2} + \frac{d^2a(t)}{dt^2}, \qquad \frac{d^2y'}{dt^2} = \frac{d^2y}{dt^2} + \frac{d^2a(t)}{dt^2}.$$

Für die Beschleunigungen gilt also derselbe Satz wie für die Geschwindigkeiten.

Schreitet O mit gleichförmiger Geschwindigkeit geradlinig fort, gilt also $a(t) = at + a'$, $b(t) = bt + b'$, so ist:

$$\frac{d^2x'}{dt^2} = \frac{d^2x}{dt^2}, \qquad \frac{d^2y'}{dt^2} = \frac{d^2y}{dt^2},$$

d.h., die relative Beschleunigung ist dann gleich der absoluten. Es soll nun der Fall untersucht werden, daß das bewegliche Koordinatensystem in der Ebene mit konstanter Winkelgeschwindigkeit ω rotiert. Dann ist $\varphi = \omega t$ und folglich

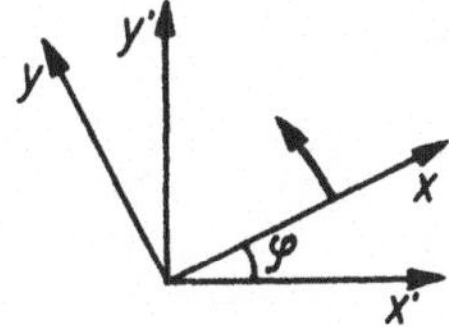

$$x' = x\cos\omega t - y\sin\omega t,$$
$$y' = x\sin\omega t + y\cos\omega t.$$

Die Komponenten der relativen Geschwindigkeit, welche ein fester Punkt x,y (konstant) des beweglichen Systems besitzt (Geschwindigkeit eines Punktes als Systempunkt), in bezug auf das feste Koordinatensystem, sind:

$$(-x\sin\omega t - y\cos\omega t)\omega,$$
$$(x\cos\omega t - y\sin\omega t)\omega.$$

Durch Differentiation obiger Gleichungen für x' und y' erhält man nun:

$$\frac{dx'}{dt} = \frac{dx}{dt}\cos\omega t - \frac{dy}{dt}\sin\omega t - x\omega\sin\omega t - y\omega\cos\omega t,$$

$$\frac{dy'}{dt} = \frac{dx}{dt}\sin\omega t + \frac{dy}{dt}\cos\omega t + x\omega\cos\omega t - y\omega\sin\omega t.$$

Hieraus folgt:

"Die absolute Geschwindigkeit des Punktes ist also die geometrische Summe aus der Relativgeschwindigkeit des Punktes und der Geschwindigkeit des Systempunktes (die Geschwindigkeiten als Strecken betrachtet)."

Die letztere Geschwindigkeit ist gleich $r\omega = \sqrt{x^2 + y^2}\,\omega$ und senkrecht zu r gerichtet.

Es ist nun zu unterscheiden:

1. die absolute Beschleunigung, deren Komponenten $\frac{d^2x'}{dt^2}$, $\frac{d^2y'}{dt^2}$ sind,
2. die relative Beschleunigung, deren Komponenten

   $$\frac{d^2x}{dt^2}\cos\omega t - \frac{d^2y}{dt^2}\sin\omega t; \qquad \frac{d^2x}{dt^2}\sin\omega t + \frac{d^2y}{dt^2}\cos\omega t$$

   (gemessen im absoluten Koordinatensystem) sind,
3. die Beschleunigung des Systempunktes; die Komponenten derselben erhält man, wenn man x und y als konstant betrachtet; sie sind also:

   $$-x\omega^2\cos\omega t + y\omega^2\sin\omega t = -\omega^2 x' \quad \text{und}$$
   $$-x\omega^2\sin\omega t - y\omega^2\cos\omega t = -\omega^2 y'.$$

Die dritte Beschleunigung ist also auf den Koordinatenanfangspunkt zu gerichtet und hat die Größe $\omega^2 r$, oder, wenn (v) die Geschwindigkeit des Systempunktes bezeichnet, die Größe $(v)^2/r$. Diese Beschleunigung ist also gleich der Zentrifugalkraft eines Punktes der Masse 1 bei der Rotation, man nennt sie deshalb die Zentripetalbeschleunigung des Systempunktes.

Durch Differentiation folgt

$$\frac{d^2x'}{dt^2} = \left(\frac{d^2x}{dt^2}\cos\omega t - \frac{d^2y}{dt^2}\sin\omega t\right) - \omega^2(x\cos\omega t - y\sin\omega t)$$
$$+ 2\omega\left(-\frac{dx}{dt}\sin\omega t - \frac{dy}{dt}\cos\omega t\right),$$
$$\frac{d^2y'}{dt^2} = \left(\frac{d^2x}{dt^2}\sin\omega t + \frac{d^2y}{dt^2}\cos\omega t\right) - \omega^2(x\sin\omega t + y\cos\omega t)$$
$$+ 2\omega\left(\frac{dx}{dt}\cos\omega t - \frac{dy}{dt}\sin\omega t\right).$$

Die Komponenten der absoluten Beschleunigung sind nicht die Summe der Komponenten von relativer und Zentripetalbeschleunigung, sondern es kommen noch die Komponenten einer dritten Teilbeschleunigung, welche man die zusammengesetzte Beschleunigung nennt, hinzu. Die absolute Beschleunigung ist also die geometrische Summe der relativen Beschleunigung, der Zentripetalbeschleunigung und der zusammengesetzten Beschleunigung. Die Größe der letzteren ist gleich

$$2\omega\sqrt{\left(\frac{dx}{dt}\right)^2 + \left(\frac{dy}{dt}\right)^2} = 2\omega(v);$$

also gleich dem doppelten Produkt von Winkelgeschwindigkeit und relativer Geschwindigkeit.

Die Richtung der zusammengesetzten Beschleunigung ist bestimmt durch:

$$\cos \psi = \frac{-\frac{dx}{dt}\sin \omega t - \frac{dy}{dt}\cos \omega t}{(v)},$$

$$\sin \psi = \frac{\frac{dx}{dt}\cos \omega t - \frac{dy}{dt}\sin \omega t}{(v)},$$

wo ψ der Winkel dieser Richtung gegen die x-Achse ist.

Ist nun φ der Winkel, welchen die Relativgeschwindigkeit mit der x'-Achse bildet, so ist

$$\cos \varphi = \frac{\frac{dx}{dt}\cos \omega t - \frac{dy}{dt}\sin \omega t}{(v)},$$

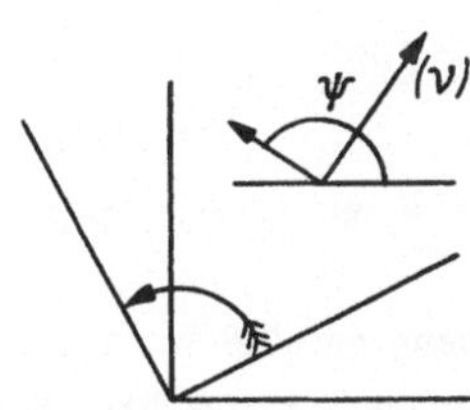

$$\sin \varphi = \frac{\frac{dx}{dt}\sin \omega t + \frac{dy}{dt}\cos \omega t}{(v)}.$$

Folglich ist $\cos \psi = -\sin \varphi$ und $\sin \psi = \cos \varphi$, d.h. $\psi = \varphi + \frac{\pi}{2}$. Die Richtung der zusammengesetzten Beschleunigung steht also senkrecht auf derjenigen der relativen Geschwindigkeit, und zwar geht erstere aus letzterer durch eine Drehung um $\frac{\pi}{2}$ im Sinne der Rotation des beweglichen Systems hervor.

Eine Kombination von gleichförmiger Parallelverschiebung und Rotation liefert:

$$x' = x\cos \omega t - y\sin \omega t + at,$$
$$y' = x\sin \omega t + y\cos \omega t + bt.$$

Die zuletzt abgeleiteten Sätze über die Beschleunigung bleiben unverändert.

Betrachtet man die Bewegung im Raum, so kommt noch die Gleichung

$$z' = z + c \cdot t$$

hinzu, und wir haben:

$$\frac{dx'}{dt} = \frac{dx}{dt}\cos \omega t - \frac{dy}{dt}\sin \omega t + \omega(-x\sin \omega t - y\cos \omega t) + a,$$

$$\frac{dy'}{dt} = \frac{dx}{dt}\sin \omega t + \frac{dy}{dt}\cos \omega t + \omega(x\cos \omega t - y\sin \omega t) + b,$$

$$\frac{dz'}{dt} = \frac{dz}{dt} + c.$$

Es gilt daher wieder der Satz:

Die absolute Geschwindigkeit ist die geometrische Summe der relativen Geschwindigkeit und derjenigen des Systempunktes.

Weiter ist:

$$\frac{d^2x'}{dt^2} = \left(\frac{d^2x}{dt^2}\cos\omega t - \frac{d^2y}{dt^2}\sin\omega t\right) - \omega^2(x\cos\omega t - y\sin\omega t)$$
$$+ 2\omega\left(-\frac{dx}{dt}\sin\omega t - \frac{dy}{dt}\cos\omega t\right),$$
$$\frac{d^2y'}{dt^2} = \left(\frac{d^2x}{dt^2}\sin\omega t + \frac{d^2y}{dt^2}\cos\omega t\right) - \omega^2(x\sin\omega t + y\cos\omega t)$$
$$+ 2\ \left(\frac{dx}{dt}\cos\omega t - \frac{dy}{dt}\sin\omega t\right),$$
$$\frac{d^2z'}{dt^2} = \frac{d^2z}{dt^2}.$$

Wo in der letzten Betrachtung (v) stand, ist jetzt $\sqrt{(\frac{dx}{dt})^2 + (\frac{dy}{dt})^2}$, also die Projektion der relativen Geschwindigkeit auf die x-y-Ebene, zu setzen, dieselbe ist gleich $v\sin\gamma$, wo v die relative Geschwindigkeit im Raum und γ ihr Winkel gegen die z-Achse ist.

Die absolute Beschleunigung ist dann die geometrische Summe aus:

1. der Relativbeschleunigung;
2. der Zentripetalbeschleunigung des Systempunktes, deren Größe gleich $\omega^2 r$ ist und die senkrecht auf die z-Achse zu gerichtet ist;
3. der zusammengesetzten Beschleunigung, welche der x-y-Ebene parallel ist und senkrecht auf der relativen Geschwindigkeit v steht und die Größe $2\omega v\sin\gamma$ hat; die Richtung erhält man, indem man die Projektion von v auf die Horizontalebene im Sinne der Winkelgeschwindigkeit ω um 90° dreht.

Für die Differentialgleichungen der Relativbewegung benötigt man:

1. die Komponenten der Relativbeschleunigung in bezug auf des bewegliche System: $\frac{d^2x}{dt^2}, \frac{d^2y}{dt^2}, \frac{d^2z}{dt^2}$,
2. die Komponenten der Zentripetalbeschleunigung in bezug auf das bewegliche System: $-\omega^2 x$, $-\omega^2 y$, 0,
3. die Komponenten der zusammengesetzten Beschleunigung in bezug auf das feste System:

$$\xi' = 2\omega\left(-\frac{dx}{dt}\sin\omega t - \frac{dy}{dt}\cos\omega t\right), \quad \eta' = 2\omega\left(\frac{dx}{dt}\cos\omega t - \frac{dy}{dt}\sin\omega t\right), \quad \zeta' = 0.$$

Sind ξ, η, ζ die Komponenten der zusammengesetzten Beschleunigung in bezug auf das bewegliche System, so ist:

$$\xi' = \xi\cos\omega t - \eta\sin\omega t, \qquad \xi = \xi'\cos\omega t + \eta'\sin\omega t,$$
$$\eta' = \xi\sin\omega t + \eta\cos\omega t, \qquad \eta = -\xi'\sin\omega t + \eta'\cos\omega t,$$
$$\zeta' = \zeta, \qquad \zeta = \zeta'.$$

Hierin sind für ξ', η' obige Ausdrücke einzusetzen; es ergeben sich folgende Komponenten der zusammengesetzten Beschleunigung in bezug auf das bewegliche System:

$$\xi = -2\omega\frac{dy}{dt}, \qquad \eta = 2\omega\frac{dx}{dt}, \qquad \zeta = 0.$$

Die Differentialgleichungen in festen Koordinaten sind:

$$m\frac{d^2x'}{dt^2} = X', \qquad m\frac{d^2y'}{dt^2} = Y', \qquad m\frac{d^2z}{dt} = Z'.$$

Die Kräfte X', Y', Z' werden nun in die drei Komponenten nach den beweglichen Achsen x, y, z zerlegt. Dann ergeben sich folgende Differentialgleichungen für die Relativbewegung:

$$X = m\left(\frac{d^2x}{dt^2} - 2\omega\frac{dy}{dt} - \omega^2 x\right),$$

$$Y = m\left(\frac{d^2y}{dt^2} + 2\omega\frac{dx}{dt} - \omega^2 y\right),$$

$$Z = m\frac{d^2z}{dt^2}.$$

Die Translation hat also keinen Einfluß auf die Differentialgleichungen.

Diese Formeln sind noch so zu transformieren, daß die Rotationsachse nicht mehr die z-Achse, sondern eine beliebige Gerade ist. Dieselbe soll durch den Punkt x_o, y_o, z_o hindurchgehen und mit den Koordinatenachsen Winkel bilden mit $\cos\alpha$, $\cos\beta$, $\cos\gamma$ als Richtungskosinus. Dann ergeben sich folgende Beschleunigungskomponenten:

1. Relativbeschleunigung:

$$\frac{d^2x}{dt^2}, \qquad \frac{d^2y}{dt^2}, \qquad \frac{d^2z}{dt^2},$$

2. Zentripetalbeschleunigung:

$$\omega^2(s\cos\alpha - (x - x_o)), \qquad \omega^2(s\cos\beta - (y - y_o)), \qquad \omega^2(s\cos\gamma - (z - z_o))$$

mit $s = (x - x_o)\cos\alpha + (y - y_o)\cos\beta + (z - z_o)\cos\gamma$,

3. zusammengesetzte Beschleunigung:

$$2\omega\left(\cos\beta\frac{dz}{dt} - \cos\gamma\frac{dy}{dt}\right), \qquad 2\omega\left(\cos\gamma\frac{dx}{dt} - \cos\alpha\frac{dz}{dt}\right),$$

$$2\omega\left(\cos\alpha\frac{dy}{dt} - \cos\beta\frac{dx}{dt}\right).$$

Also

$$X = m\left\{\frac{d^2x}{dt^2} + 2\omega\left(\cos\beta\frac{dz}{dt} - \cos\gamma\frac{dy}{dt}\right) + \omega^2(s\cos\alpha - (x - x_o))\right\},$$

$$Y = m\left\{\frac{d^2y}{dt^2} + 2\omega\left(\cos\gamma\frac{dx}{dt} - \cos\alpha\frac{dz}{dt}\right) + \omega^2(s\cos\beta - (y - y_o))\right\},$$

$$Z = m\left\{\frac{d^2z}{dt^2} + 2\omega\left(\cos\alpha\frac{dy}{dt} - \cos\beta\frac{dx}{dt}\right) + \omega^2(s\cos\gamma - (z - z_o))\right\}.$$

Die entgegengesetzten Werte obiger Zentripetalbeschleunigungen werden Zentrifugalbeschleunigung genannt.

§15. Freier Fall auf der Erdoberfläche

Es sei: λ' die vorläufige geographische Breite, R der Erdradius, ω die Winkelgeschwindigkeit der Erde ($\omega = \frac{2\pi}{86400}$), g' die ideale Schwere und g die Resultante aus dieser und der Zentrifugalkraft, welche gleich $\omega^2 R \cos\lambda$ ist.

Wird die Erde als Kugel betrachtet, so ist g' auf der ganzen Oberfläche konstant und auf den Mittelpunkt zu gerichtet. Die Richtung der wahren Schwere ist bei uns nach Süden abgelenkt. Am Äquator ist $g = g' - \omega^2 R = g'/281$. Von jetzt ab werde als vertikale Richtung an einem Ort die Richtung von g genommen, d.h. die Richtung eines ruhig hängenden Pendels, und als geographische Breite λ der Winkel zwischen der Horizontalebene und der Erdachse. Die neue Vertikale ist die z-Achse, die Nordlinie die y-Achse und die nach Osten gerichtete Horizontale die x-Achse.

Dann ist: $\cos\alpha = 0$, $\cos\beta = \cos\lambda$, $\cos\gamma = \sin\lambda$.

Der Punkt x_o, y_o, z_o sei der Punkt A; also $x_o = y_o = 0$, $z_o = -R$ (nahezu).

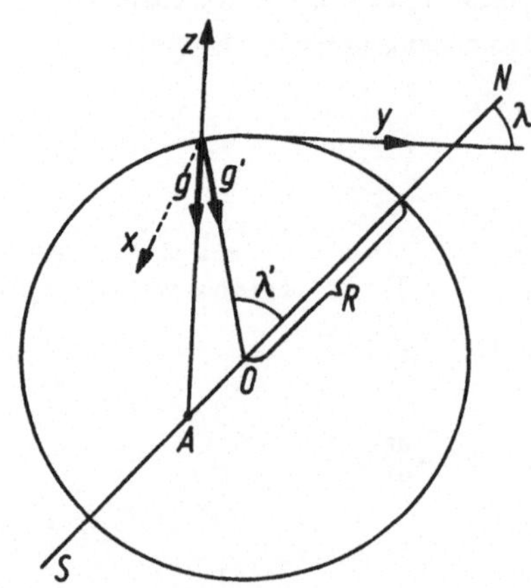

Die Gleichungen sind daher:

$$m\left\{\frac{d^2x}{dt^2} + 2\omega\left(\cos\lambda\frac{dz}{dt} - \sin\lambda\frac{dy}{dt}\right)\right\} = X + \omega^2 x,$$

$$m\left\{\frac{d^2y}{dt^2} + 2\omega\sin\lambda\frac{dx}{dt}\right\} = Y + \omega^2 y - \omega^2\cos\lambda(y\cos\lambda + (z + R)\sin\lambda) = Y - \omega^2\sin\lambda\cos\lambda R + \omega^2(y\sin^2\lambda - z\sin\lambda\cos\lambda),$$

$$m\left\{\frac{d^2z}{dt^2} - 2\omega\cos\lambda\frac{dx}{dt}\right\} = Z + \omega^2 R\cos^2\lambda + \omega^2(z\cos^2\lambda - y\sin\lambda\cos\lambda).$$

Für den Punkt $x = y = z = 0$ stehen rechts:

$$X, \qquad Y - \omega^2 R\cos\lambda\sin\lambda, \qquad Z + \omega^2 R\cos^2\lambda.$$

Für die Schwere ist: $X = 0$, $Y - \omega^2 R\cos\lambda\sin\lambda = 0$, $Z + \omega^2 R\cos^2\lambda = -gm$, denn so ist ja das Koordinatensystem gewählt. Es werden nur Bewegungen betrachtet, bei denen x, y, z klein gegen R sind, es soll daher die Schwere der Größe und Richtung nach als konstant betrachtet werden (dabei werden Glieder von der Ordnung x/R^2 vernachlässigt). Ebenso sollen bei der Zentrifugalkraft Glieder von der Ordnung $x\omega^2$, $y\omega^2$ ... vernachlässigt, also die Zentrifugalkraft als konstant betrachtet werden.

Die Differentialgleichungen der Bewegung sind nun:

$$\frac{d^2x}{dt^2} = 2\omega(\sin\lambda\frac{dy}{dt} - \cos\lambda\frac{dz}{dt}),$$

$$\frac{d^2y}{dt^2} = -2\omega\sin\lambda\frac{dx}{dt},$$

$$\frac{d^2z}{dt^2} = -g + 2\omega\cos\lambda\frac{dx}{dt}.$$

Zunächst soll die freie Fallbewegung untersucht werden. Für $t = 0$ sei $x = y = z = 0$. Ist $\omega = 0$, so gilt für die Integrale (wenn auch $x'_o = y'_o = z'_o = 0$):

$$x = 0, \quad y = 0, \quad z = -\frac{gt^2}{2}.$$

In Wirklichkeit werden sich x, y, z von diesen Funktionen um Glieder mit dem Faktor ω unterscheiden, da man sich x, y, z als Potenzreihe von ω entwickelt denken kann.

Man setze daher $x = \xi\omega$, $y = \eta\omega$, $z = -\frac{gt^2}{2} + \zeta\omega$; dann erhält man die Differentialgleichungen:

$$\omega\frac{d^2\xi}{dt^2} = 2\omega gt\cos\lambda,$$

$$\omega\frac{d^2\eta}{dt^2} = 0,$$

$$\omega\frac{d^2\zeta}{dt^2} = 0.$$

Hieraus folgt:

$$\xi = \frac{1}{3}gt^3\cos\lambda,$$

$$\eta = 0, \quad \zeta = 0.$$

Also ist $x = \frac{1}{3}gt^3\omega\cos\lambda$, $y = 0$, $z = -\frac{gt^2}{2}$; es ist also nur ein Glied hinzugekommen, welches eine östliche Abweichung bedeutet.

Die Differentialgleichungen für die Relativbewegung eines Punktes auf der Erdoberfläche waren:

$$\frac{d^2x}{dt^2} = 2\omega(\sin\lambda\frac{dy}{dt} - \cos\lambda\frac{dz}{dt}),$$

$$\frac{d^2y}{dt^2} = -2\omega\sin\lambda\frac{dx}{dt},$$

$$\frac{d^2z}{dt^2} = -g + 2\omega\cos\lambda\frac{dx}{dt}.$$

Für den freien Fall ergaben sich annähernd die integrierten Gleichungen:

$$x = \frac{1}{3}\omega\cos\lambda g t^3,$$

$$y = 0,$$

$$z = -g t^2/4.$$

Durch Elimination von t ergibt sich die Bahngleichung

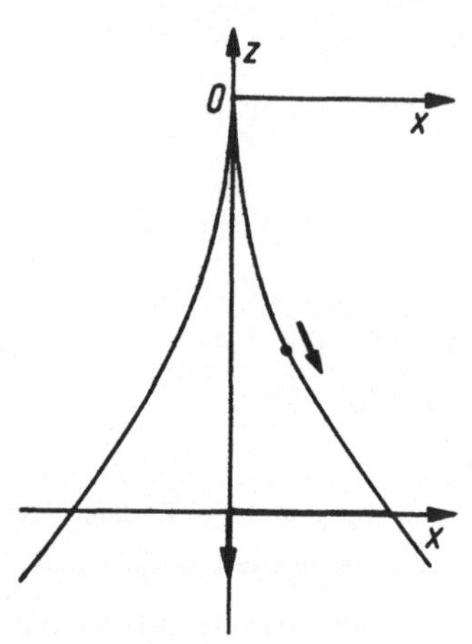

$$\left(\frac{3x}{\omega\cos\lambda g}\right)^2 = \left(-\frac{2z}{g}\right)^3.$$

Dies ist eine Kurve dritten Grades, die im Koordinatenanfangspunkt eine Spitze hat, in welcher die z-Achse die Tangente ist (Neilsche Parabel).

Die Abweichung von der Vertikalen ist für die Fallhöhe h:

$$\frac{2}{3}\omega\cos\lambda\cdot h\cdot\sqrt{\frac{2h}{g}}.$$

Für 150 m Fallhöhe ergibt sich eine Abweichung von 2 3/4 cm (Versuche von BENZENBERG und REICH).

§16. Bewegung eines Punktes auf einer horizontalen Ebene

Es ist wie früher:

$$\frac{d^2x}{dt^2} = 2\omega\left(\sin\lambda\frac{dy}{dt} - \cos\lambda\frac{dz}{dt}\right),$$

$$\frac{d^2y}{dt^2} = -2\omega\sin\lambda\frac{dx}{dt},$$

aber

$$\frac{d^2z}{dt^2} = -g + 2\omega\cos\lambda\frac{dx}{dt} + N,$$

wobei N den Reaktionsdruck der Ebene auf die Masseneinheit bezeichnet. Dieser Druck ist aber so groß, daß z konstant ist, also $\frac{d^2z}{dt^2} = 0$ und $N = g - 2\omega\cos\lambda\frac{dx}{dt}$.
Dieser Druck ist also größer g, wenn sich der Punkt nach O, kleiner g, wenn er sich nach W bewegt.

Die Differentialgleichungen werden einfach:

$$\frac{d^2x}{dt^2} = 2\omega\sin\lambda\frac{dy}{dt},$$

$$\frac{d^2y}{dt^2} = -2\omega\sin\lambda\frac{dx}{dt}.$$

Der Punkt weicht von der geradlinigen Bahn (bei uns) immer nach rechts ab; die Stärke der Ablenkung ist

$$\sqrt{\left(\frac{d^2x}{dt^2}\right)^2 + \left(\frac{d^2y}{dt^2}\right)} = 2\omega v\sin\lambda$$

mit $v = \sqrt{\left(\frac{dx}{dt}\right)^2 + \left(\frac{dy}{dt}\right)^2}$.

Die auf den Punkt wirkende Kraft steht immer senkrecht auf der Bahn, wie aus der

Differentialgleichung direkt hervorgeht; daher ist die Geschwindigkeit konstant. Ferner folgt, daß:

$$2\omega v \sin\lambda = v^2/\rho,$$

also:

$$\rho = \text{const} = \frac{v}{2\omega \sin\lambda},$$

d.h., der Punkt bewegt sich auf einem Kreis vom Radius ρ mit konstanter Geschwindigkeit, wobei der Mittelpunkt rechts von der Bewegungsrichtung liegt.

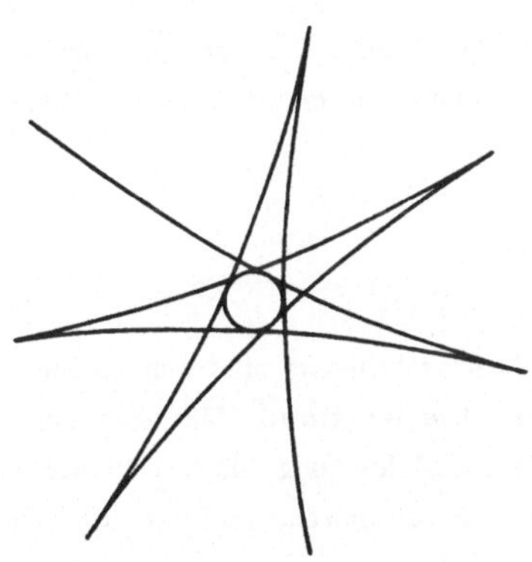

Diese Abweichung ist aber sehr klein, da der Kreisradius bei mäßiger Geschwindigkeit sehr groß wird. Man kann diese Ablenkung sichtbar machen durch das Foucaultsche Pendel (FOUCAULT 1851/1852).

§17. Theorie des Foucaultschen Pendels

Es sei der Aufhängepunkt der Koordinatenanfangspunkt, l die Pendellänge, also:

$$x^2 + y^2 + z^2 = l^2$$

die Gleichung der Fläche, auf welcher sich der Punkt bewegen muß. Ist N der vom Faden ausgeübte Zug, so sind dessen Komponenten $\frac{Nx}{l}, \frac{Ny}{l}, \frac{Nz}{l}$, also:

$$\frac{d^2x}{dt^2} + 2\omega(\cos\lambda \frac{dz}{dt} - \sin\lambda \frac{dy}{dt}) + \frac{Nx}{l} = 0,$$

$$\frac{d^2y}{dt^2} + 2\omega \sin\lambda \frac{dz}{dt} + \frac{Ny}{l} = 0,$$

$$\frac{d^2z}{dt^2} - 2\omega \cos\lambda \frac{dx}{dt} + g + \frac{Nz}{l} = 0.$$

N ist eine unbekannte Größe, die so zu bestimmen ist, daß $x^2 + y^2 + z^2 = l^2$ gilt. Die Differentialgleichungen sollen nur für sehr kleine Schwingungen behandelt werden. Dann ist z immer nahezu gleich l; es ist:

$$z^2/l^2 = 1 - \frac{x^2 + y^2}{l^2},$$

also:

$$z/l = -1 + \frac{1}{2}\frac{x^2 + y^2}{l^2} + \frac{1}{8}\left(\frac{x^2 + y^2}{l^2}\right)^2 + \dots$$

Die Quadrate von $\frac{x}{l}$ und $\frac{y}{l}$ werden vernachlässigt, also soll $\frac{z}{l} = -1$ (bis auf Größen zweiter Ordnung) gesetzt werden. Demnach ist

$$\frac{dz}{dt} = 0 \quad \text{und} \quad \frac{d^2z}{dt^2} = 0. \quad \text{Außerdem:} \quad \omega\frac{dz}{dt} = 0$$

bis auf Größen dritter Ordnung. Es wird dann:

$$N = g - 2\omega\cos\lambda\frac{dx}{dt}$$

(bis auf Größen zweiter Ordnung).

Dieser Wert wird in die erste und zweite Gleichung eingesetzt:

$$\frac{d^2x}{dt^2} - 2\omega\sin\lambda\frac{dy}{dt} + \frac{x}{l}(g - 2\omega\cos\lambda\frac{dx}{dt}) = 0,$$

$$\frac{d^2y}{dt^2} + 2\omega\sin\lambda\frac{dx}{dt} + \frac{y}{l}(g - 2\omega\cos\lambda\frac{dx}{dt}) = 0.$$

Hierin können bis auf Größen dritter Ordnung auch die Glieder $2\frac{x}{l}\omega\cos\lambda\frac{dx}{dt}$ und $2\frac{y}{l}\omega\cos\lambda\frac{dx}{dt}$ vernachlässigt werden, so daß bis auf Größen dritter Ordnung die Differentialgleichungen heißen:

$$\frac{d^2x}{dt^2} - 2\omega\sin\lambda\frac{dy}{dt} + \frac{gx}{l} = 0,$$

$$\frac{d^2y}{dt^2} + 2\omega\sin\lambda\frac{dx}{dt} + \frac{gy}{l} = 0.$$

Diese linearen homogenen Differentialgleichungen zweiter Ordnung sind nun zu integrieren. Es werde zur Abkürzung $\omega\sin\lambda = \omega'$ gesetzt. Die Integration läßt sich am besten bei einer aus obigen beiden abgeleiteten Differentialgleichung für $x + iy$ ausführen. Multipliziert man die zweite mit i und addiert die zur ersten, so folgt nämlich:

$$\frac{d^2}{dt^2}(x + iy) + 2\omega' i\frac{d}{dt}(x + iy) + \frac{g}{l}(x + iy) = 0$$

oder:

$$\frac{d^2u}{dt^2} + 2\omega' i\frac{du}{dt} + \frac{g}{l}u = 0.$$

Die Lösung dieser linearen homogenen Differentialgleichung ist:

$$u = c_1e^{\rho_1 t} + c_2e^{\rho_2 t},$$

wobei ρ_1, ρ_2 die Wurzeln der Gleichung $\rho^2 + 2\omega' i\rho + \frac{g}{l} = 0$ sind, also:

$$\rho_1 = -\omega' i + \sqrt{-\frac{g}{l} - \omega'^2},$$

$$\rho_2 = -\omega' i - \sqrt{-\frac{g}{l} - \omega'^2}.$$

Die Wurzel ist imaginär:

$$\sqrt{-\frac{g}{l} - \omega'^2} = i\sqrt{\frac{g}{l} + \omega'^2} = ih,$$

also:

$$\rho_1 = -i(\omega' - h), \qquad \rho_2 = -i(\omega' + h),$$

$$u = c_1e^{i(-\omega'+h)t} + c_2e^{i(-\omega'-h)t}.$$

Das Pendel habe zur Zeit $t = 0$ seinen größten Ausschlag, also die Geschwindigkeit 0, α sei das Azimut, a die Entfernung vom Nullpunkt in der Anfangslage. Dann ist für $t = 0$:

$$u = ae^{i\alpha}, \qquad \frac{du}{dt} = 0;$$

also muß gelten:

$$ae^{i\alpha} = c_1 + c_2,$$
$$0 = c_1 i(-\omega' + h) + c_2 i(-\omega' - h),$$

oder:

$$0 = c_1(-\omega' + h) + c_2(-\omega' - h).$$

Folglich:

$$c_1 = M(h + \omega'), \qquad c_2 = M(h - \omega'),$$
$$M = \frac{ae^{i\alpha}}{2h}.$$

Die Lösung ist also:

$$u = (x + iy) = \frac{ae^{i\alpha}}{2h}\left[(h + \omega')e^{i(h-\omega')t} + (h - \omega')e^{i(-h-\omega')t}\right],$$

$$u = ae^{i(\alpha-\omega't)}\left\{\frac{e^{iht} + e^{-iht}}{2} + i\frac{\omega'}{h}\cdot\frac{e^{iht} - e^{-iht}}{2i}\right\},$$

$$u = ae^{i(\alpha-\omega't)}\left[\cos ht + i\frac{\omega'}{h}\sin ht\right].$$

Zunächst werde die Funktion

$$\xi + i\eta = a\cos ht + i\frac{a\omega'}{h}\sin ht$$

betrachtet; dann ist nachher: $x + iy = e^{i(\alpha-\omega't)}(\xi + i\eta)$. Man erhält also $x + iy$ aus $\xi + i\eta$ durch Drehung des Koordinatensystems um den Winkel $\alpha - \omega't$. Die Bewegung des Punktes $x + iy$ erhält man also, wenn man den Punkt $\xi + i\eta$ sich in einem Koordinatensystem, welches sich mit der Winkelgeschwindigkeit $-\omega'$ um den Nullpunkt dreht (und zur Zeit $t = 0$ den Winkel α mit dem festen bildet), nach dem Gesetz

$$\xi + i\eta = a\cos ht + i\frac{a\omega'}{h}\sin ht$$

bewegen läßt. Es ist dann:

$$\left(\frac{\xi}{a}\right)^2 + \left(\frac{\eta h}{a\omega'}\right)^2 = 1,$$

der Punkt $\xi + i\eta$ bewegt sich daher auf einer sehr gestreckten Ellipse, deren Halbachsen a und $\frac{\omega' a}{h}$ sind. Die Dauer eines Umlaufs ist: $T = \frac{2\pi}{h}$.

Während der Zeit einer halben Schwingung hat sich das Koordinatensystem um den Winkel $-\frac{\omega'\pi}{h}$ gedreht; es entsteht daher eine Bewegung, wie die am Anfang angedeutete, d.h. auf einer Zickzacklinie, deren Spitzen im Abstand a vom Zentrum liegen, während der von ihr umhüllte kleine Kreis den Radius $\frac{\omega' a}{h}$ hat. Die Zeit eines Hin- und Herganges ist $\frac{\pi}{h}$, also etwas kleiner als sie bei feststehender Erde sein würde. Bei jeder vollen Schwingung vermindert sich das Azimut des Ausschlages um $\frac{\omega'\pi}{h}$; die Rückdrehung in einer Sekunde ist im Mittel:

$$\omega' = \omega \sin\lambda = \frac{2\pi}{86400} \sin\lambda .$$

Daher beträgt die Drehung der Schwingungsebene während eines ganzen Sterntages $-2\pi \sin\lambda$; am Äquator ist sie 0, am Pol -2π, bei uns liegt sie zwischen $-\frac{2\pi}{3}$ und $-\pi$.

§18. Korrektur der Formeln für die Planetenbewegung wegen der Bewegung des Sonnenmittelpunktes

Wählt man den Sonnenmittelpunkt zum Koordinatenanfangspunkt, so bezieht man die Planetenbewegung auf ein bewegliches Koordinatensystem. Die Beschleunigung des Koordinatenanfangspunktes ist $\frac{km}{r^2}$ (m = Planetenmasse), folglich ist die absolute Beschleunigung des Planeten gleich der relativen Beschleunigung zuzüglich $\frac{km}{r^2}$; erstere (die absolute) ist nun $-\frac{k\mu}{r^2}$ (μ = Sonnenmasse), folglich wird die relative Beschleunigung $-\frac{k(\mu + m)}{r^2}$, also so groß, wie sie bei ruhender Sonne wäre, wenn man die Sonnenmasse um die Planetenmasse vermehrte. Die früheren Formeln für die Planetenbewegung gelten also noch in bezug auf das bewegliche Koordinantensystem, wenn man dort $M = \mu + m$ setzt.

II.b. Dynamik von Punktsystemen

§19. Allgemeine Sätze

Es seien n freie Punkte gegeben, und die auf den i-ten Punkt wirkenden Kräfte (inclusive Widerstandskräfte von Kurven und Flächen) seien X_i, Y_i, Z_i; dann gelten für jeden Punkt drei Differentialgleichungen von der Form:

$$m_i \frac{d^2x_i}{dt^2} = X_i ,$$

$$m_i \frac{d^2y_i}{dt^2} = Y_i ,$$

$$m_i \frac{d^2z_i}{dt^2} = Z_i .$$

Im Ganzen sind also 3n Differentialgleichungen zu integrieren, d.h. 3n erste und 3n zweite Integrale zu finden. In den integrierten Gleichungen kommen 6n willkürliche Konstanten vor.

Bei den in der Natur vorkommenden Bewegungen gelten aber gewisse allgemeine Sätze, welche erste Integrale liefern.

Es seien X_i', Y_i', Z_i' die Komponenten der inneren im System wirkenden Kräfte, X_i'', Y_i'', Z_i'' die äußeren Kräfte. In der Natur gilt nun:

I. Das Prinzip von der Gleichheit der Wirkung und Gegenwirkung. (NEWTON hat dasselbe für Magnete experimentell bewiesen.) Die Komponenten der inneren Kräfte müssen diesem Gesetz genügen. (Die "äußeren" Kräfte sind natürlich einseitig.) Daraus folgt, daß

$$\text{I.} \qquad \sum X_i' = 0, \qquad \sum Y_i' = 0, \qquad \sum Z_i' = 0$$

ist, d.h., die geometrische Summe aller inneren Kräfte ist 0. Die Koordinaten des Massenmittelpunktes des Systems sind:

$$\xi = \frac{\sum m_i x_i}{\sum m_i} \quad \text{etc.},$$

folglich:

$$\frac{d^2\xi}{dt^2} = \frac{\sum m_i \frac{d^2 x_i}{dt^2}}{\sum m_i} \quad \text{etc.}$$

Durch Addition unserer Bewegungsgleichungen folgt daher:

$$\sum X_i' + \sum X_i'' = \sum m_i \frac{d^2 x_i}{dt^2} = \frac{d^2\xi}{dt^2} \sum m_i,$$

$$\sum Y_i' + \sum Y_i'' = \sum m_i \frac{d^2 y_i}{dt^2} = \frac{d^2\eta}{dt^2} \sum m_i,$$

$$\sum Z_i' + \sum Z_i'' = \sum m_i \frac{d^2 z_i}{dt^2} = \frac{d^2\zeta}{dt^2} \sum m_i.$$

Nun ist $\sum X_i' = \sum Y_i' = \sum Z_i' = 0$ und somit:

$$\frac{d^2\xi}{dt^2} \sum m_i = \sum X_i'', \qquad \frac{d^2\eta}{dt^2} \sum m_i = \sum Y_i'', \qquad \frac{d^2\zeta}{dt^2} \sum m_i = \sum Z_i'',$$

d.h., der Schwerpunkt bewegt sich so, als ob in ihm die gesamte Masse des Systems vereinigt wäre und auf ihn die geometrische Summe der sämtlichen äußeren Kräfte wirkte. Sind keine äußeren Kräfte vorhanden, so folgt hieraus, daß sich der Schwerpunkt mit konstanter Geschwindigkeit bewegt; denn dann hat man die integrierten Gleichungen:

$$\xi = at + a', \qquad \eta = bt + b', \qquad \zeta = ct + c'.$$

Aus den Beobachtungen der Astronomen folgt, daß in der Tat der Schwerpunkt des Planetensystems geradlinig fortschreitet, wie es nach diesem Satz sein muß.

Translation ist nichts Absolutes, Rotation ist etwas Absolutes, denn letztere ist an der Zentrifugalkraft experimentell nachweisbar, erstere ist absolut gar nicht erkennbar. Daher ist der Satz von der gleichförmigen geradlinigen Bewegung des Schwerpunktes, angewandt auf das Weltsystem, illusorisch.

Aus den Differentialgleichungen

$$m_i \frac{d^2 x_i}{dt^2} = X_i' + X_i'',$$

$$m_i \frac{d^2 y_i}{dt^2} = Y_i' + Y_i'',$$

$$m_i \frac{d^2 z_i}{dt^2} = Z_i' + Z_i''$$

folgen

$$m_i(y_i \frac{d^2 z_i}{dt^2} - z_i \frac{d^2 y_i}{dt^2}) = y_i Z_i' - z_i Y_i' + y_i Z_i'' - z_i Y_i''$$

sowie zwei analoge Gleichungen.

Auf der rechten Seite stehen die Drehungsmomente der inneren und äußeren Kräfte; links steht:

$$m_i \frac{d}{dt}(y_i \frac{dz_i}{dt} - z_i \frac{dy_i}{dt});$$

d.h., die Geschwindigkeit, mit welcher das Moment der Quantität der Bewegung in bezug auf die x-Achse sich ändert, ist gleich der Summe der Drehungsmomente der Kräfte in bezug auf die x-Achse. (Man nennt $m_i v_i$ die Quantität der Bewegung, $m_i \frac{dx_i}{dt}$ etc. deren Komponenten, $y_i \frac{dz_i}{dt} - z_i \frac{dy_i}{dt}$ etc. deren Momente.)

Bildet man die Summe obiger Gleichungen für alle Punkte des Systems, so folgt, da $\sum (y_i Z_i' - z_i Y_i') = 0$ wird, der Satz:

Die Geschwindigkeit, mit welcher sich die Summe der Momente der Bewegungsquantität aller Punkte ändert, ist gleich dem Drehungsmoment der äußeren Kräfte.

Wirken keine äußeren Kräfte, so ist das Gesamtmoment der Quantität der Bewegung in bezug auf die x-Achse, y-Achse und z-Achse konstant. Man hat dann also drei neue erste Integrale:

$$\sum m_i(y_i \frac{dz_i}{dt} - z_i \frac{dy_i}{dt}) = A,$$

$$\sum m_i(z_i \frac{dx_i}{dt} - x_i \frac{dz_i}{dt}) = B,$$

$$\sum m_i\ (x_i \frac{dy_i}{dt} - y_i \frac{dx_i}{dt}) = C$$

(Flächensatz). Nun sind $\frac{1}{2}(y_i \frac{dz_i}{dt} - z_i \frac{dy_i}{dt})$, $\frac{1}{2}(z_i \frac{dx_i}{dt} - x_i \frac{dz_i}{dt})$, $\frac{1}{2}(x_i \frac{dy_i}{dt} - y_i \frac{dx_i}{dt})$ die Projektionen des Sektors, welchen der vom Nullpunkt nach dem i-ten Massepunkt bezogene Radiusvektor in der Zeit 1 überstreicht. Multipliziert man diese Projektionen für jeden Punkt mit m_i und bildet die Summe über alle Punkte, so ist dieselbe bei der ganzen Bewegung konstant. Man kann A, B, C die Gesamtrotation des Systems um die x-Achse, y-Achse, z-Achse nennen.

Es sollen jetzt die Sektoren projiziert werden auf eine Ebene, deren Normale durch die Winkel α, β, γ bestimmt ist. Es ist:

$$F = F_x \cos\alpha + F_y \cos\beta + F_z \cos\gamma .$$

Für die neue Ebene ist daher die Summe der Projektionen aller Sektoren:

$$A\cos\alpha + B\cos\beta + C\cos\gamma .$$

Es sei die Normale α, β, γ eine neue Koordinatenachse, und es werden zwei dazu senkrechte angenommen, die durch α', β', γ' bzw. α'', β'', γ'' bestimmt sind. Dann sind die Flächenkonstanten für das neue Koordinatensystem:

$$A' = A\cos\alpha + B\cos\beta + C\cos\gamma ,$$

$$B' = A\cos\alpha' + B\cos\beta' + C\cos\gamma' ,$$

$$C' = A\cos\alpha'' + B\cos\beta'' + C\cos\gamma'' .$$

Für die neuen Richtungscosina bestehen die bekannten Orthogonalitätsbedingungen. Daher ist:

$$A'^2 + B'^2 + C'^2 = A^2 + B^2 + C^2 .$$

Die Summe der Quadrate der Flächenkonstanten ist also vom Koordinatensystem unabhängig.

Es soll eine Ebene aufgesucht werden, für welche A' ein Maximum ist; es muß dann $B' = C' = 0$ werden, da dann $A' = \sqrt{A^2 + B^2 + C^2}$ wird und dies der größte mögliche Wert ist. Man muß die Winkel α, β, γ so wählen, daß

$$\cos\alpha = \frac{A}{\sqrt{A^2 + B^2 + C^2}}, \qquad \cos\beta = \frac{B}{\sqrt{A^2 + B^2 + C^2}},$$

$$\cos\gamma = \frac{C}{\sqrt{A^2 + B^2 + C^2}}$$

ist, dann ist in der Tat $A' = \sqrt{A^2 + B^2 + C^2}$.

Es gibt also eine Ebene des Maximalmomentes, für welche die Flächenkonstante gleich $\sqrt{A^2 + B^2 + C^2}$ ist; dies ist die Ebene, deren Normale die Richtungskosinus

$$\frac{A}{\sqrt{A^2 + B^2 + C^2}}, \qquad \frac{B}{\sqrt{A^2 + B^2 + C^2}}, \qquad \frac{C}{\sqrt{A^2 + B^2 + C^2}}$$

hat. Für jede dazu senkrechte Ebene ist die Flächenkonstante gleich 0. (Dabei ist natürlich die algebraische Summe der Sektorenprojektionen gleich 0.)

Die Anwendung der Flächensätze auf das Planetensystem verlangt zunächst eine Umformung derselben für ein bewegtes Koordinatensystem, dessen Anfangspunkt in den Schwerpunkt fällt und dessen Achsen unveränderliche Richtungen haben. Es seien ξ, η, ζ die absoluten Koordinaten des Schwerpunktes, x, y, z die relativen, x', y', z' die absoluten Koordinaten, also:

$$x' = x + \xi , \qquad y' = y + \eta , \qquad z' = z + \zeta .$$

Die Flächensätze gehen, wenn man dort die Koordinaten akzentuiert, über in:

$$A = \sum m_i\left[(y_i + \eta)(\frac{dz_i}{dt} + \frac{d\zeta}{dt}) - (z_i + \zeta)(\frac{dy_i}{dt} + \frac{d\eta}{dt})\right]$$

$$= \sum m_i(y_i\frac{dz_i}{dt} - z_i\frac{dy_i}{dt}) + \sum m_i(\eta\frac{dz_i}{dt} - \zeta\frac{dy_i}{dt}) + \sum m_i(\eta\frac{d\zeta}{dt} - \zeta\frac{d\eta}{dt})$$

(analog B und C). Nun ist:

$$\sum m_i(\eta\frac{dz_i}{dt} - \zeta\frac{dy_i}{dt}) = \eta\frac{d}{dt}\sum m_i z_i - \zeta\frac{d}{dt}\sum m_i y_i = 0,$$

da $\sum m_i z_i = \sum m_i y_i = 0$ ist.

Wenn der Schwerpunkt gleichförmig fortschreitet, gilt:

$$\eta\frac{d\xi}{dt} - \zeta\frac{d\eta}{dt} = (bt + b')c - (ct + c')b = b'c - bc'.$$

Also wird:

$$A - \sum m_i(b'c - bc') = \sum m_i(y_i\frac{dz_i}{dt} - z_i\frac{dy_i}{dt})$$

und ebenso:

$$B - \sum m_i(c'a - ca') = \sum m_i(z_i\frac{dx_i}{dt} - x_i\frac{dz_i}{dt}) \quad \text{etc.}$$

Die Flächensätze gelten also auch für das bewegte System. Man nehme an, daß z. Z. $t = 0$ $\xi = \eta = \zeta = 0$ ist, dann ist $a = b = c = 0$, und es bleiben auch die Flächenkonstanten dieselben. (Dies gilt, wenn der alte Koordinatenanfangspunkt auf der geradlinigen Bahn des Schwerpunktes liegt.)

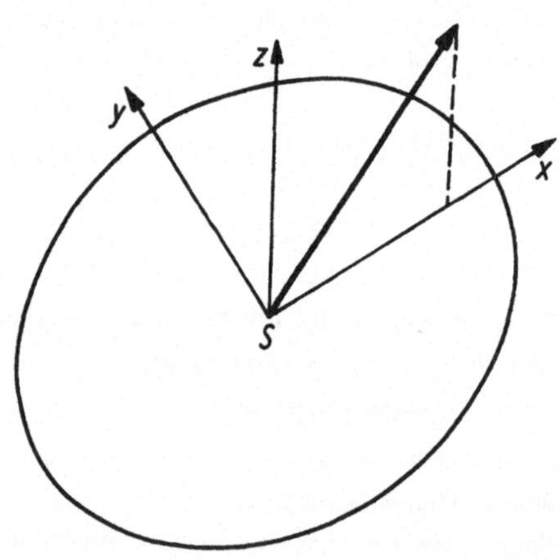

Die Ebene des größten Rotationsmomentes des Planetensystems nennt man die "unveränderliche" Ebene; dieselbe geht durch den Schwerpunkt des Planetensystems. Diese Ebene wählt man als eine Koordinatenebene, als Koordinatenachsen in dieser Ebene wählt man die Projektion der Fortschreitungslinie des Schwerpunktes auf diese Ebene und die dazu senkrecht in der Ebene liegende Gerade. Dies ist ein absolutes Koordinatensystem, d.h. ein solches, dessen Achsen unveränderliche Richtung zu allen Zeiten haben. Dieses Koordinatensystem ist aber praktisch nicht anwendbar, weil die Fortschreitungsrichtung des Schwerpunktes nicht genau genug bekannt ist. Zu den bisher gefundenen ersten Integralen kommt noch das Integral der lebendi-Kraft. Es ist nämlich:

$$T = \frac{1}{2}\sum m_i v_i^2,$$

$$dT = \sum m_i\left[\frac{d^2x_i}{dt^2}dx_i + \frac{d^2y_i}{dt^2}dy_i + \frac{d^2z_i}{dt^2}dz_i\right]$$

$$= \sum (X_i dx_i + Y_i dy_i + Z_i dz_i),$$

d.h., die Zunahme der gesamten lebendigen Kraft T während dt ist gleich der Summe der von allen wirkenden Kräften während dieser Zeit geleisteten Arbeitsgrößen. Existiert nun eine Kräftefunktion, d.h. eine Funktion $v(x_1, y_1, z_1, x_2, y_2, z_2, \ldots)$ von der Art, daß:

$$X_i = -\frac{\partial V}{\partial x_i}, \qquad Y_i = -\frac{\partial V}{\partial y_i}, \qquad Z_i = -\frac{\partial V}{\partial z_i}$$

ist, so ist die rechte Seite obiger Gleichung das totale Differential von V. Folglich läßt sich die Gleichung integrieren und ergibt das Integral der lebendigen Kraft: $T + V = H$, d.h., die Gesamtenergie des Systems ist konstant. (Es ist vorausgesetzt, daß auf das System keine äußeren Kräfte wirken.)

Es werde der Fall betrachtet, daß die inneren Kräfte nur von der Entfernung abhängen und in der Richtung der Verbindungslinien wirken. Die Kräftefunktion sei $\varphi(r)$; dann ist:

$$X_{ik} = -m_i m_k \varphi'(r_{ik})\frac{x_i - x_k}{r_{ik}},$$

$$Y_{ik} = -m_i m_k \varphi'(r_{ik})\frac{y_i - y_k}{r_{ik}},$$

$$Z_{ik} = -m_i m_k \varphi'(r_{ik})\frac{z_i - z_k}{r_{ik}}.$$

Die x-Komponente aller inneren Kräfte, die auf den i-ten Punkt wirken, ist:

$$X_i = -\sum_{k \neq i} m_i m_k \varphi'(r_{ik})\frac{x_i - x_k}{r_{ik}}$$

(d.h. bei der Summation ist $k = i$ auszunehmen). Es ist daher

$$V = \sum_{i<k} m_i m_k \varphi(r_{ik})$$

(d.h., $k = i$ ist auszuschließen und jede Kombination nur einmal zu nehmen).

Also: Wenn sich zwei Punkte mit der Kraft $m_i m_k \varphi'(r_{ik})$ anziehen, so gibt es eine Kräftefunktion, und zwar ist sie

$$V = \sum_{i<k} m_i m_k \varphi(r_{ik}),$$

wobei φ' die Derivierte von φ ist.

Für das Planetensystem heißt daher das Integral der lebendigen Kraft:

$$T - c\sum_{i\neq k} \frac{m_i m_k}{r_{ik}} = h,$$

wobei c die Konstante des Newtonschen Gesetzes ist. Die Konstante h bedeutet die lebendige Kraft des Systems, welche übrig bliebe, wenn sich alle Planeten vermöge der gesamten lebendigen Kraft ins Unendliche entfernten. Beim Planetensystem ist h negativ, daher können niemals alle Planeten einander unendlich fern rücken.

Es ist zu untersuchen, wie sich die lebendige Kraft der absoluten Bewegung durch die der relativen um den Schwerpunkt ausdrückt; die absoluten Koordinaten sind

$$x_i' = x_i + \xi, \qquad y_i' = y_i + \eta, \qquad z_i' = z_i + \zeta$$

(ξ, η, ζ - absolute Koordinaten des Schwerpunktes).

$$v_i'^2 = v_i^2 + \left(\frac{d\xi}{dt}\right)^2 + \left(\frac{d\eta}{dt}\right)^2 + \left(\frac{d\zeta}{dt}\right)^2$$
$$+ 2\left(\frac{dx_i}{dt}\cdot\frac{d\xi}{dt} + \frac{dy_i}{dt}\cdot\frac{d\eta}{dt} + \frac{dz_i}{dt}\cdot\frac{d\zeta}{dt}\right),$$

$$v_o^2 = \left(\frac{d\xi}{dt}\right)^2 + \left(\frac{d\eta}{dt}\right)^2 + \left(\frac{d\zeta}{dt}\right)^2,$$

$$2T' = \sum m_i v_i'^2 = \sum m_i v_i^2 + v_o^2 \sum m_i + 2\sum m_i\left(\frac{dx_i}{dt}\cdot\frac{d\xi}{dt} + \frac{dy_i}{dt}\cdot\frac{d\eta}{dt} + \frac{dz_i}{dt}\cdot\frac{d\zeta}{dt}\right)$$
$$= 2T + 2T_o + 2\left(\frac{d\xi}{dt}\cdot\frac{d}{dt}\sum m_i x_i + \frac{d\eta}{dt}\cdot\frac{d}{dt}\sum m_i y_i + \frac{d\zeta}{dt}\cdot\frac{d}{dt}\sum m_i z_i\right).$$

Der Klammerausdruck ist aber = 0, folglich $T' = T + T_0$, d.h., die absolute lebendige Kraft der auf den Schwerpunkt bezogenen Relativbewegung plus der lebendigen Kraft der absoluten Bewegung des mit der Summe aller Massen ausgestatteten Schwerpunktes.

Ist nun $\xi = a + a't$, $\eta = b + b't$, $\zeta = c + c't$ wie beim Planetensystem, so ist die letztere (T_0) nur eine Konstante, folglich gilt auch für die Relativbewegung des Planetensystems der Satz: $T + V = \text{const} = h$.

§20. Bewegung von Systemen, welche durch Bedingungsgleichungen in ihrer Beweglichkeit eingeschränkt sind

Ein System von n freien Punkten hat 3n Grade der Freiheit; bestehen μ Bedingungsgleichungen, so hat es nur $3n - \mu$ Grade der Freiheit. Diese μ Gleichungen liefern μ erste und μ zweite Integrale, es bleiben also $6n - 2\mu$ Integrale zu suchen, d.h. doppelt so viele, als das Problem Grade der Freiheit hat.

Spezielle Beispiele

Zwei Massenpunkte m_1 und m_2 seien durch eine masselose starre Stange von der Länge l verbunden, das ganze System bewege sich auf einer horizontalen Ebene. Die Bedingungsgleichung

$$(x_1 - x_2)^2 + (y_1 - y_2)^2 + (z_1 - z_2)^2 = l^2$$

gibt ein zweites und ihre Ableitung

$$(x_1 - x_2)\left(\frac{dx_1}{dt} - \frac{dx_2}{dt}\right) + (y_1 - y_2)\left(\frac{dy_1}{dt} - \frac{dy_2}{dt}\right) = 0$$

ein erstes Integral.

Die Bedingungen $z_1 = 0$, $z_2 = 0$, $\frac{dz_1}{dt} = 0$, $\frac{dz_2}{dt} = 0$ geben vier weitere Integrale; von den zwölf Integralen bleiben also noch sechs zu suchen übrig.

Ist T die Spannung der Stange, so sind die Bewegungsgleichungen:

$$m_1 \frac{d^2x_1}{dt^2} = -T\frac{x_1 - x_2}{l}, \qquad m_1 \frac{d^2y_1}{dt^2} = -T\frac{y_1 - y_2}{l},$$

$$m_2 \frac{d^2x_2}{dt^2} = -T\frac{x_2 - x_1}{l}, \qquad m_2 \frac{d^2y_2}{dt^2} = -T\frac{y_2 - y_1}{l}.$$

Es ist folglich:

$$m_1 \frac{d^2x_1}{dt^2} + m_2 \frac{d^2x_2}{dt^2} = 0,$$

$$m_1 \frac{d^2y_1}{dt^2} + m_2 \frac{d^2y_2}{dt^2} = 0$$

oder, wenn ξ, η die Schwerpunktkoordinaten sind:

$$\frac{d^2\xi}{dt^2} = 0, \qquad \frac{d^2\eta}{dt^2} = 0,$$

$$\xi = at + a', \qquad \eta = bt + b',$$

d.h., der Schwerpunkt bewegt sich geradlinig mit konstanter Geschwindigkeit. In bezug auf ein durch den Schwerpunkt gelegtes, bewegliches und zu dem festen paralleles Koordinatensystem gilt der Flächensatz:

$$(r_1^2 + r_2^2)^2 \frac{da}{dt} = c$$

(fünftes Integral). r_1 und r_2 erhält man aus:

$$r_1 + r_2 = l, \qquad m_1r_1 = m_2r_2,$$

es ist:

$$r_1 = \frac{m_2l}{m_1 + m_2}, \qquad r_2 = \frac{m_1l}{m_1 + m_2}.$$

Es ist somit auch:

$$a - a_o = \frac{ct}{r_1^2 + r_2^2}$$

bekannt.

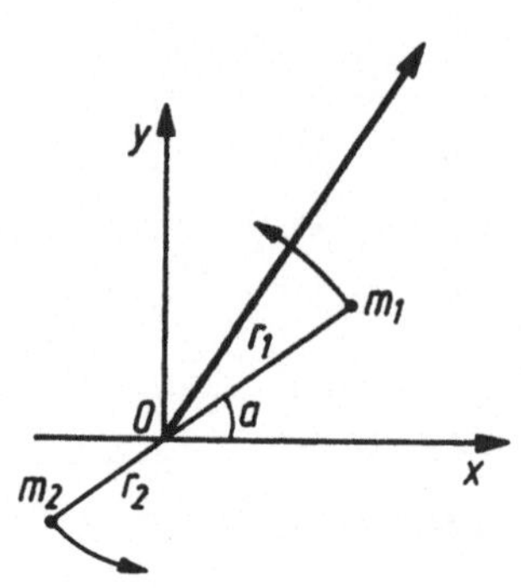

Die Stange rotiert mit konstanter Winkelgeschwindigkeit um den gleichförmig geradlinig fortschreitenden Schwerpunkt. Die Bahnen von m_1 und m_2 sind also Zykloiden. Es ist:

$$x_1 = at + a' + r_1 \cos\left(a_o + \frac{ct}{r_1^2 + r_2^2}\right),$$

$$y_1 = bt + b' + r_1 \sin\left(a_o + \frac{ct}{r_1^2 + r_2^2}\right),$$

$$x_2 = at + a' + r_2 \cos\left(a_o + \frac{ct}{r_1^2 + r_2^2}\right),$$

$$y_2 = bt + b' + r_2 \sin\left(a_o + \frac{ct}{r_1^2 + r_2^2}\right).$$

Die Spannung T muß gleich der Zentrifugalkraft jeder der zwei Massen sein, also:

$$T = m_1 r_1 \left(\frac{da}{dt}\right)^2 = m_2 r_2 \left(\frac{da}{dt}\right)^2$$

$$= l \frac{m_1 m_2}{m_1 + m_2} \left(\frac{c}{r_1^2 + r_2^2}\right)^2.$$

Das Prinzip der lebendigen Kraft kam nicht zur Anwendung, weil es hier nicht mehr aussagt als der Flächensatz.

Anderes Beispiel (für einen Grad der Freiheit)

Zwei durch eine gewichtslose Stange verbundene Massenpunkte m_1, m_2 bewegen sich ohne Wirkung äußerer Kräfte auf der x- bzw. y-Achse. Es seien T die Spannung der Stange, N_1, N_2 die Reaktionsdrücke der x- bzw. y-Achse, α der Winkel der Stange mit letzteren. Die Bewegungsgleichungen sind:

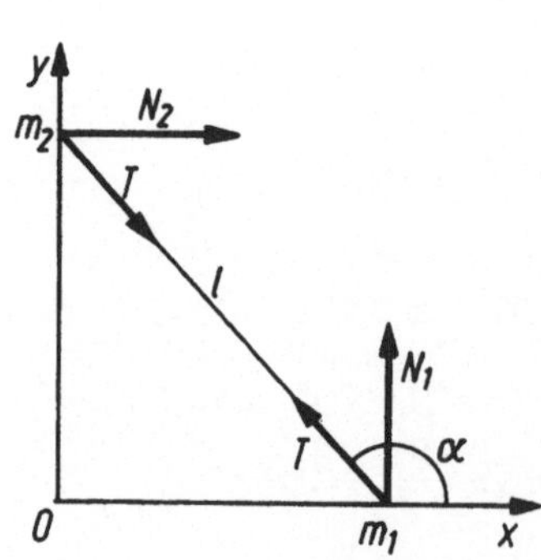

$$m_1 \frac{d^2x_1}{dt^2} = T\cos\alpha,$$

$$m_1 \frac{d^2y_1}{dt^2} = T\sin\alpha + N_1,$$

$$m_2 \frac{d^2x_2}{dt^2} = -T\cos\alpha + N_2,$$

$$m_2 \frac{d^2y_2}{dt^2} = -T\sin\alpha.$$

Die Bedingungsgleichungen sind $x_2 = 0$, $y_1 = 0$ als auch

$$\frac{dx_2}{dt} = 0, \quad \frac{d^2x_2}{dt^2} = 0, \quad \frac{dy_1}{dt} = 0, \quad \frac{d^2y_1}{dt^2} = 0.$$

Daraus folgt $N_1 = -T\sin\alpha$, $N_2 = T\cos\alpha$. Die

Bedingung $x_1^2 + y_2^2 = l^2$ ergibt die Differentialgleichung:

$$x_1 \frac{dx_1}{dt} + y_2 \frac{dy_2}{dt} = 0.$$

Der Schwerpunkt- und Flächensatz sind hier nicht anzuwenden, da äußere Kräfte (N_1, N_2) auf das System wirken; dagegen findet der Satz von der lebendigen Kraft Anwendung. Die Kräfte N_1 und N_2 leisten keine Arbeit, folglich ist die lebendige Kraft konstant. Es sei α die unabhängige Variable; dann ist:

$$x_1 = -l\cos\alpha, \qquad y_1 = l\sin\alpha,$$

$$\frac{dx_1}{dt} = l\sin\alpha\frac{d\alpha}{dt}, \qquad \frac{dy_1}{dt} = l\cos\alpha\frac{d\alpha}{dt},$$

$$\frac{1}{2}mv^2 = \frac{l^2}{2}(m_1\sin^2\alpha + m_2\cos^2\alpha)\left(\frac{d\alpha}{dt}\right)^2 = h.$$

Das Integral dieser Gleichung liefert t als Funktion von α:

$$t = \sqrt{\frac{l^2}{2h}}\int_{\alpha_0}^{\alpha}\sqrt{m_1\sin^2\alpha + m_2\cos^2\alpha}\, d\alpha.$$

Im allgemeinen ist dieses Integral ein elliptisches, also eine elliptische Funktion von t.

Systeme mit nur einem Grade der Freiheit sind fast alle Maschinen. Bei technischen Problemen sind daher nur zwei Integrale zu finden, von denen das eine durch das Energieprinzip geliefert wird. Bei einem gleichförmigen Gang ist die lebendige Kraft konstant, daher in jedem Moment die zugeführte Arbeit der absorbierten gleich.

II.c. Dynamik starrer Körper

§21. Einleitung: Trägheitsintegrale

Man nennt

$$m\xi = \int x\,dm, \qquad m\eta = \int y\,dm, \qquad m\zeta = \int z\,dm$$

wohl die Momente erster Ordnung des Körpers von der Masse m in bezug auf die drei Koordinatenachsen, und die Integrale:

$$\int x^2\,dm, \qquad \int y^2\,dm, \qquad \int z^2\,dm,$$
$$\int yz\,dm, \qquad \int xz\,dm, \qquad \int xy\,dm$$

die Momente zweiter Ordnung. Aus diesen setzt sich das Trägheitsmoment zusammen.

Man nennt das Trägheitsmoment eines Körpers in bezug auf eine Achse das Integral:

$$T = \int r^2 \, dm,$$

wo r den Abstand eines beliebigen Körperteilchens dm von jeder Achse bedeutet. Die Achse geht durch den Punkt x_0, y_0, z_0 und bilde mit den Koordinatenachsen die Winkel α, β, γ. R sei der Abstand des Punktes x, y, z von x_0, y_0, z_0, d die Projektion von R auf die Achse. Dann ist $r^2 = R^2 - d^2$.

Die durch x_0, y_0, z_0 senkrecht zur Achse gelegte Ebene hat die Gleichung:

$$(x - x_0)\cos\alpha + (y - y_0)\cos\beta + (z - z_0)\cos\gamma = 0;$$

d ist der Abstand des beliebigen Punktes x, y, z von dieser Ebene, folglich:

$$d = (x - x_0)\cos\alpha + (y - y_0)\cos\beta + (z - z_0)\cos\gamma.$$

Ferner ist: $R^2 = (x - x_0)^2 + (y - y_0)^2 + (z - z_0)^2$, man erhält daher:

$$\begin{aligned} R^2 - d^2 = {} & x^2\sin^2\alpha + y^2\sin^2\beta + z^2\sin^2\gamma \\ & + 2x[\cos\alpha(x_0\cos\alpha + y_0\cos\beta + z_0\cos\gamma) - x_0] \\ & + 2y[\cos\beta(x_0\cos\alpha + y_0\cos\beta + z_0\cos\gamma) - y_0] \\ & + 2z[\cos\gamma(x_0\cos\alpha + y_0\cos\beta + z_0\cos\gamma) - z_0] \\ & - 2yz\cos\beta\cos\gamma - 2zx\cos\gamma\cos\alpha - 2xy\cos\alpha\cos\beta \\ & + x_0^2 + y_0^2 + z_0^2 - (x_0\cos\alpha + y_0\cos\beta + z_0\cos\gamma)^2. \end{aligned}$$

Multipliziert man diese Gleichung mit dm und integriert über das ganze Volumen des Körpers, so ergibt sich:

$$\begin{aligned} T = {} & \sin^2\alpha \int x^2\,dm + \sin^2\beta \int y^2\,dm + \sin^2\gamma \int z^2\,dm \\ & - 2\cos\beta\cos\gamma \int yz\,dm - 2\cos\gamma\cos\alpha \int zx\,dm - 2\cos\alpha\cos\beta \int xy\,dm \\ & + 2[\cos\alpha(x_0\cos\alpha + y_0\cos\beta + z_0\cos\gamma) - x_0]m\xi \\ & + 2[\cos\beta(x_0\cos\alpha + y_0\cos\beta + z_0\cos\gamma) - y_0]m\eta \\ & + 2[\cos\gamma(x_0\cos\alpha + y_0\cos\beta + z_0\cos\gamma) - z_0]m\zeta \\ & + m[x_0^2 + y_0^2 + z_0^2 - (x_0\cos\alpha + y_0\cos\beta + z_0\cos\gamma)^2]. \end{aligned}$$

Das Trägheitsmoment T setzt sich also in der Tat aus den "Trägheitsintegralen" zusammen.

Die Trägheitsmomente in bezug auf die Koordinatenachsen sind:

$$T_z = \int (x^2 + y^2)dm, \qquad T_y = \int (x^2 + z^2)dm, \qquad T_x = \int (y^2 + z^2)dm.$$

Das Trägheitsmoment ist eine Größe von der fünften Dimension in bezug auf lineare Ausdehnung.

Beispiele:

Trägheitsmomente eines rechtwinkligen Prismas in bezug auf seine Kanten a, b, c:

$$T_c = m\frac{a^2 + b^2}{3}, \qquad T_b = m\frac{a^2 + c^2}{3}, \qquad T_a = m\frac{b^2 + c^2}{3}.$$

Trägheitsmoment eines Ellipsoids mit den Halbachsen a, b, c in bezug auf die a-Achse:

$$T_c = \frac{4abc\pi\rho}{15}(b^2 + c^2) = m\frac{b^2 + c^2}{5}.$$

§22. Abhängigkeit des Trägheitsmomentes von der Rotationsachse

Der Koordinatenanfangspunkt sei jetzt der Schwerpunkt; dann ist:

$$T = \sin^2\alpha \int x^2\,dm + \dots + \dots - [2\cos\beta\cos\gamma \int yz\,dm + \dots + \dots]$$
$$+ m[(x_0^2 + \dots + \dots) - (x_0\cos\alpha + \dots + \dots)^2].$$

Nun ist der letzte Ausdruck gleich mr_0^2; ist also T_s das Trägheitsmoment für eine zu der bisherigen Achse parallelen Achse, die aber durch den Schwerpunkt geht, wird:

$$T = T_s + mr_0^2;$$

folglich ist unter allen parallelen Achsen die durch den Schwerpunkt gehende diejenige, für welche das Trägheitsmoment am kleinsten ist.

Es soll nun das Trägheitsmoment für eine Schwerpunktachse von beliebiger Richtung untersucht werden. Zur Veranschaulichung denkt man sich nach POINSOT auf der Achse vom Schwerpunkt aus die Größe $1/\sqrt{T}$ als Länge aufgetragen; die Endpunkte dieser Strecken liegen dann auf einer gewissen, jetzt näher zu untersuchenden Fläche. Bezeichnet man die Integrale

$$\int x^2\,dm, \dots, \dots, \int yz\,dm, \dots, \dots$$

mit a^2, b^2, c^2, d^2, e^2, f^2, so ist für die Achse α, β, γ:

$$T = a^2\sin^2\alpha + b^2\sin^2\beta + c^2\sin^2\gamma$$
$$- 2d^2\cos\beta\cos\gamma - 2e^2\cos\gamma\cos\alpha - 2f^2\cos\alpha\cos\beta.$$

Sind ξ, η, ζ die Koordinaten des Endpunktes der Strecke $1/\sqrt{T}$, so ist:

$$T = \frac{1}{\rho^2} = \frac{1}{\xi^2 + \eta^2 + \zeta^2}, \qquad \xi = \rho\cos\alpha \text{ etc.};$$

folglich ist die Gleichung jener Fläche, wenn man $\sin^2\alpha$ durch $1 - \cos^2\alpha$ ersetzt etc.:

$$1 = (a^2 + b^2 + c^2)(\xi^2 + \eta^2 + \zeta^2) - a^2\xi^2 - b^2\eta^2 - c^2\zeta^2$$
$$- 2d^2\eta\xi - 2e^2\xi\zeta - 2f^2\zeta\eta,$$

oder:

$$1 = (b^2 + c^2)\xi^2 + (c^2 + a^2)\eta^2 + (a^2 + b^2)\zeta^2$$
$$- 2d^2\eta\xi - 2e^2\xi\zeta - 2f^2\zeta\eta.$$

Die Gleichung zweiten Grades stellt ein Ellipsoid dar, weil T immer größer 0, also ρ

immer reell und endlich ist. Es ist dies das sogenannte Poinsotsche Trägheitsellipsoid. Wählt man die drei Hauptachsen desselben, die sogenannten drei Hauptträgheitsachsen, zu Koordinatenachsen, so lautet die Gleichung des Ellipsoids:

$$1 = \xi^2(b^2 + c^2) + \eta^2(a^2 + c^2) + \zeta^2(a^2 + b^2).$$

Folglich sind für dieses Koordinatensystem die Integrale d^2, e^2, f^2 gleich 0.

Das Trägheitsmoment in bezug auf eine beliebige Schwerpunktachse ist bei Zugrundelegung dieses Koordinatensystems:

$$T = a^2 \sin^2\alpha + b^2 \sin^2\beta + c^2 \sin^2\gamma$$
$$= (b^2 + c^2)\cos^2\alpha + (a^2 + c^2)\cos^2\beta + (a^2 + b^2)\cos^2\gamma,$$

oder:

$$T = A\cos^2\alpha + B\cos^2\beta + C\cos^2\gamma.$$

A, B, C sind die sogenannten drei Hauptträgheitsmomente. In bezug auf eine durch den beliebigen Punkt x_0, y_0, z_0 gehende Achse ist:

$$T = A\cos^2\alpha + B\cos^2\beta + C\cos^2\gamma + m[R_0^2 - (x_0\cos\alpha + \ldots + \ldots)^2].$$

Trägt man vom Punkte x_0, y_0, z_0 aus auf jeder Richtung α, β, γ die zugehörige Größe $1/\sqrt{T} = \rho$ auf, so erhält man eine Fläche, deren Gleichung folgende ist:

$$1 = A\xi^2 + B\eta^2 + C\zeta^2 + mR_0^2(\xi^2 + \eta^2 + \zeta^2) - m(x_0\xi + y_0\eta + z_0\zeta)^2.$$

Dies ist wieder ein Ellipsoid, da ρ für alle Richtungen endlich ist. Es sind nun die Hauptachsen desselben nach Größe und Richtung zu bestimmen; es handelt sich also um die Auffindung derjenigen Werte von ξ, η, ζ, welche der Gleichung des Ellipsoids, also der Gleichung

$$1 = (A + mR_0^2)\xi^2 + (B + mR_0^2)\eta^2 + (C + mR_0^2)\zeta^2 - m(x_0\xi + y_0\eta + z_0\zeta)^2,$$

genügen und den Wert von $\rho^2 = \xi^2 + \eta^2 + \zeta^2$ zu einem Maximum oder Minimum machen. Es muß also ein Maximum oder Minimum werden:

$$\xi^2 + \eta^2 + \zeta^2 - \lambda[(A + mR_0^2)\xi^2 + \ldots + \ldots - m(x_0\xi + \ldots + \ldots)^2 - 1];$$

folglich:

$$0 = \xi + \lambda(A + mR_0^2)\xi - \lambda m x_0(x_0\xi + y_0\eta + z_0\zeta),$$
$$0 = \eta + \lambda(B + mR_0^2)\eta - \lambda m y_0(x_0\xi + y_0\eta + z_0\zeta),$$
$$0 = \zeta + \lambda(C + mR_0^2)\zeta - \lambda m z_0(x_0\xi + y_0\eta + z_0\zeta).$$

Durch Multiplikation mit ξ, η, ζ und Addition folgt:

$$0 = \xi^2 + \eta^2 + \zeta^2 + \lambda[(A + mR_0^2)\xi^2 + \ldots + \ldots - m(x_0\xi + \ldots + \ldots)^2].$$

Der letzte (mit λ multiplizierte) Ausdruck ist aber in Folge der Ellipsoidgleichung gleich 1, folglich

$$0 = \xi^2 + \eta^2 + \zeta^2 + \lambda$$

oder:

$$\lambda = -(\xi^2 + \eta^2 + \zeta^2) = -\frac{1}{T}.$$

Setzt man diesen Wert für λ ein, so erhält man für die gesuchten Größen ξ, η, ζ, für welche ρ ein Maximum oder Minimum wird, die Gleichungen:

$$0 = \xi(A + mR_0^2 - T) - mx_0(x_0\xi + \ldots + \ldots),$$
$$0 = \eta(B + mR_0^2 - T) - my_0(x_0\xi + \ldots + \ldots),$$
$$0 = \zeta(C + mR_0^2 - T) - mz_0(x_0\xi + \ldots + \ldots).$$

Multipliziert man diese Gleichungen mit x_0, y_0, z_0, dividiert sie durch $A + mR_0^2 - T$, $B + mR_0^2 - T$, $C + mR_0^2 - T$, addiert sie dann und dividiert noch beide Seiten durch $x_0\xi + y_0\eta + z_0\zeta$, so ergibt sich:

$$1 = \frac{x_0^2}{\frac{A}{m} + \frac{mR_0^2 - T}{m}} + \frac{y_0^2}{\frac{B}{m} + \frac{mR_0^2 - T}{m}} + \frac{z_0^2}{\frac{C}{m} + \frac{mR_0^2 - T}{m}}.$$

Hieraus ergibt sich folgender Satz für die Bestimmung der drei Hauptträgheitsmomente für den Punkt x_0, y_0, z_0:

Um die drei Hauptträgheitsmomente für einen beliebigen Punkt x_0, y_0, z_0 zu finden, konstruiere man zunächst ein System vom confokalen Flächen zweiten Grades, welches bestimmt ist durch die Gleichung:

$$1 = \frac{x_0^2}{\frac{A}{m} - \lambda} + \frac{y_0^2}{\frac{B}{m} - \lambda} + \frac{z_0^2}{\frac{C}{m} - \lambda}$$

und bestimme die drei Parameter λ_1, λ_2, λ_3 derjenigen drei Flächen dieses Systems, welche durch den Punkt x_0, y_0, z_0 hindurchgehen. Dann sind die drei Hauptträgheitsmomente:

$$T_1 = m(R_0^2 + \lambda_1), \quad T_2 = m(R_0^2 + \lambda_2), \quad T_3 = m(R_0^2 + \lambda_3).$$

Ferner folgt durch Division aus den drei Gleichungen, aus welchen die Gleichung des Systems confokaler Flächen abgeleitet war:

$$\xi : \eta : \zeta = \frac{mx_0}{A + mR_0^2 - T} : \frac{my_0}{B + mR_0^2 - T} : \frac{mz_0}{C + mR_0^2 - T},$$

oder wenn man

$$\frac{mx_0^2}{A + mR_0^2 - T} + \frac{my_0^2}{B + mR_0^2 - T} + \frac{mz_0^2}{C + mR_0^2 - T} - 1 = \varphi(x_0, y_0, z_0)$$

setzt:

$$\xi : \eta : \zeta = \frac{\partial\varphi}{\partial x_0} : \frac{\partial\varphi}{\partial y_0} : \frac{\partial\varphi}{\partial z_0},$$

d.h., die Strecken, welche die Hauptträgheitsmomente darstellen, fallen in die Richtungen der Normalen der drei durch den Punkt x_0, y_0, z_0 gehenden confokalen Flächen zweiten Grades; diese Normalen sind also die Hauptträgheitsachsen für diesen Punkt, so daß man auch diese durch die Konstruktion der confokalen Flächen zweiten Grades erhält.

§23. Bewegungsgleichungen für starre Körper

Ein starrer Körper wird definiert als ein Aggregat von Massenelementen dm, zwischen welchen derartige innere Kräfte wirken, daß ihre gegenseitigen Abstände unveränderlich sind. Ein starrer Körper hat sechs Grade der Freiheit.

Sind X, Y, Z die Komponenten der auf das an der Stelle x, y, z befindliche Massenelement dm wirkenden äußeren Kräfte, so gelten die Differentialgleichungen:

$$\sum \frac{d^2x}{dt^2} dm = \sum X,$$

$$\sum \frac{d^2y}{dt^2} dm = \sum Y,$$

$$\sum \frac{d^2z}{dt^2} dm = \sum Z.$$

Innere Kräfte kommen darin nicht vor, weil dieselben sich bei der Summation über das ganze System aufheben.

Ist m die ganze Masse des Körpers und sind ξ, η, ζ die Koordinaten seines Schwerpunktes, so kann man die obigen Differentialgleichungen aufschreiben als:

$$m\frac{d^2}{dt^2}\xi = \sum X, \qquad m\frac{d^2}{dt^2}\eta = \sum Y, \qquad m\frac{d^2}{dt^2}\zeta = \sum Z.$$

Aus den Differentialgleichungen der Bewegung für ein einzelnes Masselement lassen sich die folgende:

$$\left(y\frac{d^2z}{dt^2} - z\frac{d^2y}{dt^2}\right)dm = yZ - zY + yZ' - zY'$$

und zwei analoge ableiten, und durch Summation über den ganzen Körper folgen hieraus, da die inneren Kräfte (X', Y', Z') sich dabei wieder wegheben, nachstehende Differentialgleichungen:

$$\sum \left(y\frac{d^2z}{dt^2} - z\frac{d^2y}{dt^2}\right)dm = \sum (yZ - zY),$$

$$\sum \left(z\frac{d^2x}{dt^2} - x\frac{d^2z}{dt^2}\right)dm = \sum (zX - xZ) \quad \text{etc.}$$

Die auf der rechten Seite stehenden Ausdrücke sind die Drehmomente der äußeren Kräfte um die x-, y-, z-Achse.

Die drei letzten Gleichungen sollen zunächst auf das folgende Problem angewandt werden.

§24. Rotation starrer Körper um eine feste Achse

Die feste Achse sei die z-Achse; der Körper hat nur einen Grad der Freiheit, und dementsprechend hat man auch nur eine Differentialgleichung:

$$\sum \left(x\frac{d^2y}{dt^2} - y\frac{d^2x}{dt^2}\right)dm = \sum (xY - yX) = N.$$

Führt man Polarkoordinaten ein und wählt die z-Achse zur Polachse, so ist:

$$x = r\cos\theta, \qquad y = r\sin\theta, \qquad \frac{dx}{dt} = -r\sin\theta\frac{d\theta}{dt},$$

$$\frac{dy}{dt} = r\cos\theta\frac{d\theta}{dt}, \qquad x\frac{dy}{dt} - y\frac{dx}{dt} = r^2\frac{d\theta}{dt},$$

$$x\frac{d^2y}{dt^2} - y\frac{d^2x}{dt^2} = \frac{d}{dt}\left(x\frac{dy}{dt} - y\frac{dx}{dt}\right) = r^2\frac{d^2\theta}{dt^2}$$

(wobei θ der Winkel zwischen einer festen und einer beweglichen Meridianebene ist), so daß die Differentialgleichung der Bewegung übergeht in:

$$\sum dm\, r^2\frac{d^2\theta}{dt^2} = N$$

oder, da die Winkelgeschwindigkeit für alle Punkte des Körpers stets die gleiche ist:

$$\frac{d^2\theta}{dt^2}\sum r^2 dm = N.$$

$\sum r^2 dm$ ist aber definiert als das Trägheitsmoment T in bezug auf die z-Achse; also ist:

$$T\frac{d^2\theta}{dt^2} = N,$$

d.h., die Winkelbeschleunigung ist gleich dem Drehmoment der wirkenden Kräfte dividiert durch das Trägheitsmoment. Da die Differentialgleichung genau dieselbe Form hat wie jene für die geradlinige Bewegung eines Massenpunktes ($m\frac{d^2x}{dt^2} = X$), so lassen sich auch die dort gewonnenen Resultate mit entsprechenden Modifikationen auf die Rotation eines starren Körpers um eine feste Achse übertragen. So ergibt sich nach demselben Verfahren wie dort:

$$d\left[\frac{1}{2}T\left(\frac{d\theta}{dt}\right)^2\right] = N\,d\theta;$$

$\frac{1}{2}T\left(\frac{d\theta}{dt}\right)^2 = \frac{1}{2}\sum r^2\left(\frac{d\theta}{dt}\right)^2 dm$ ist die lebendige Kraft T' des Körpers, also:

$$T' = \frac{1}{2}T\left(\frac{d\theta}{dt}\right)^2, \qquad dT' = N\,d\theta,$$

d.h., der Zuwachs der lebendigen Kraft ist gleich der bei der Drehung $d\theta$ von den Kräften geleisteten Arbeit. Gibt es eine Funktion $\varphi(\theta)$, so daß:

$$N = -\frac{d}{d\theta}\varphi(\theta),$$

so ist $T' + \varphi(\theta) = \text{const} = h$; d.h., wenn das Drehungsmoment nur von θ abhängt, so gilt der Satz von der lebendigen Kraft. Aus diesem ersten Integral:

$$\frac{1}{2}T\left(\frac{d\theta}{dt}\right)^2 = h - \varphi(\theta)$$

ergibt sich durch Quadratur das zweite:

$$t - t_0 = \int_{\theta_0}^{\theta} \frac{\sqrt{\frac{1}{2}T}\,d\theta}{\sqrt{h - \varphi(\theta)}}.$$

Physikalisches Pendel

Die horizontale z-Achse sei die Drehachse des Pendels; l sei die Entfernung des Schwerpunktes von der Drehachse; die x-Achse gehe in der Ruhelage des Pendels durch den Schwerpunkt, m sei die Masse. θ werde von der Ruhelage an gerechnet. Dann ist:

$$N = - mgl \sin \theta,$$

folglich: $T\frac{d^2\theta}{dt^2} = - mgl \sin \theta.$

Für ein mathematisches Pendel von der Länge λ galt die Differentialgleichung:

$$\lambda \frac{d^2\theta}{dt^2} = - g \sin \theta,$$

folglich schwingt obiges physische Pendel genauso wie ein mathematisches von der Länge:

$$\lambda = \frac{T}{ml}.$$

Denkt man sich durch den Schwerpunkt eine der Drehachse parallele Achse gelegt, und ist das Trägheitsmoment in bezug auf diese gleich T_0, so ist:

$$T = T_0 + ml^2,$$

$$\lambda = l + \frac{T_0}{ml}.$$

Es ist also λ stets größer als l, folgich liegt der Schwingungspunkt stets unter dem Schwerpunkt, und zwar um das Stück $\frac{T_0}{ml}$. Die durch den Schwingungspunkt zur Drehachse gezogene Parallele heißt die Schwingungsachse.

HUYGENS bestimmte den Schwingungspunkt, indem er von der Gleichung der lebendigen Kraft ausging. Diese lautet für das physische Pendel:

$$T' = mgl \cos\theta + h$$

oder, da $T_0 = mgl + h$ für den Durchgang durch die Ruhelage:

$$T_0' - T' = mgl(1 - \cos\theta).$$

$l(1 - \cos\theta)$ ist die Strecke, um welche der Schwerpunkt von der Ruhelage aus gehoben wird, $mgl(1 - \cos\theta)$ ist die dabei gegen die Schwere geleistete Arbeit, und diese muß gleich dem Verlust an lebendiger Kraft sein.

Von diesem Satz ausgehend fand HUYGENS die Bedeutung des Trägheitsmomentes.

Vertauscht man die Aufhängungsachse mit der Schwingungsachse, so ist anstelle von l zu setzen $\frac{T_0}{ml}$, da dies der Abstand des Schwerpunktes von der neuen Drehachse ist; dann ist also die Länge des isochronen mathematischen Pendels:

$$\lambda' = \frac{T_0}{ml} + \frac{T_0}{m\frac{T_0}{ml}} = \frac{T_0}{ml} + l,$$

folglich $\lambda' = \lambda$, d.h., wenn man die Aufhängungs- und Schwingungsachse miteinander vertauscht, bleibt die Schwingungsdauer dieselbe. (Dieser Satz wird beim Reversionspendel angewendet.)

Schwingungen einer Magnetnadel

Ist μl das magnetische Moment einer in der horizontalen xy-Ebene drehbaren Magnetnadel und wird θ von der Ruhelage an gerechnet, so ist das Drehmoment des Erdmagnetismus gleich $-H\mu l \sin\theta$, folglich die Bewegungsgleichung:

$$T\frac{d^2\theta}{dt^2} = -H\mu l \sin\theta.$$

Eine Magnetnadel schwingt also wie ein physisches Pendel, nur steht $H\mu l$ an der Stelle von mgl. Für die Schwingung einer gedämpften Magnetnadel besteht die Differentialgleichung:

$$T\frac{d^2\theta}{dt^2} = -H\mu l \sin\theta - \lambda\frac{d\theta}{dt},$$

welche für den Fall sehr kleiner Amplituden schon früher behandelt worden ist.

Atwoodsche Fallmaschine

Auf zwei fest verbundene, um eine horizontale Achse (z-Achse) drehbare Rollen von den Radien r, r' sind Fäden aufgewickelt, an denen Gewichte m, m' hängen. Die durch den Mittelpunkt der Doppelrolle gehende Vertikale sei die x-Achse, x, x' seien die Koordinaten der Schwerpunkte der zwei Gewichte, T und T' die Spannungen der Fäden; dann gelten die Differentialgleichungen:

$$m\frac{d^2x}{dt^2} = gm - T, \qquad m'\frac{d^2x'}{dt^2} = gm' - T'.$$

Ist θ das Trägheitsmoment der Doppelrolle, so ist:

$$\theta\frac{d^2\theta}{dt^2} = Tr - T'r'.$$

Hierbei sind nicht berücksichtigt: die Reibung, der Luftwiderstand, das Gewicht und die Steifigkeit der Fäden.

Die Geschwindigkeit der Gewichte hängen mit derjenigen der Rolle durch folgende Gleichung zusammen:

$$r\frac{d\theta}{dt} = \frac{dx}{dt}, \qquad r'\frac{d\theta}{dt} = -\frac{dx'}{dt}$$

(m soll das fallende Gewicht sein).

Durch Differentiation nach t folgt aus den letzten Gleichungen:

$$m\frac{d^2x}{dt^2} = mr\frac{d^2\theta}{dt^2}, \qquad m'\frac{d^2x'}{dt^2} = -m'r'\frac{d^2\theta}{dt^2}.$$

Nun war:

$$m\frac{d^2x}{dt^2} = gm - T, \qquad m'\frac{d^2x'}{dt^2} = gm' - T',$$

folglich:

$$T = gm - mr\frac{d^2\theta}{dt^2}, \qquad T' = gm' + m'r'\frac{d^2\theta}{dt^2}.$$

Setzt man diese Werte in die Bewegungsgleichung der Rolle ein, so ergibt sich:

$$(\theta + mr^2 + m'r'^2)\frac{d^2\theta}{dt^2} = g(mr - m'r').$$

Es ist also $\frac{d^2\theta}{dt^2} = \text{const}$, somit die Bewegung in der Tat eine gleichförmig beschleunigte. Die Beschleunigungen der Gewichte sind:

$$\frac{d^2x}{dt^2} = g\frac{(mr - m'r')r}{mr^2 + m'r'^2 + \theta}, \qquad \frac{d^2x'}{dt^2} = -g\frac{(mr - m'r')r'}{mr^2 + m'r'^2 + \theta},$$

woraus ersichtlich ist, in welcher Weise bei der Atwoodschen Fallmaschine die Beschleunigung g vermindert ist.

§25. Druck auf die Achse eines schwingenden Körpers

Die Drehachse sei durch die beiden Punkte 0, 0, 0 und 0, 0, l festgelegt. Es soll der Druck auf diese zwei Punkte bestimmt werden, d.h., die Kräfte X_0, Y_0, Z_0, X_1, Y_1, Z_1 sollen berechnet werden, welche auf diese Punkte, wenn der Körper ganz frei wäre, wirken müßten, um sie im Gleichgewicht zu erhalten. Die Differentialgleichungen für die Bewegung des Körpers sind:

$$1. \quad \sum m\frac{d^2x}{dt^2} = \sum X + X_0 + X_1,$$

$$2. \quad \sum m\frac{d^2y}{dt^2} = \sum Y + Y_0 + Y_1,$$

$$3. \quad \sum m\frac{d^2z}{dt^2} = \sum Z + Z_0 + Z_1,$$

$$4. \quad \sum m\left(y\frac{d^2z}{dt^2} - z\frac{d^2y}{dt^2}\right) = \sum L + L_0 + L_1$$

und zwei analoge.

Offenbar ist $L_0 = 0$, da der Hebelarm gleich Null ist, $L_1 = -lY_1$. Die zwei anderen Momentgleichungen lauten:

$$5. \quad \sum m\left(z\frac{d^2x}{dt^2} - x\frac{d^2z}{dt^2}\right) = \sum M + lX_1,$$

$$6. \quad m\left(x\frac{d^2y}{dt^2} - y\frac{d^2x}{dt^2}\right) = \sum N.$$

Da nun der Körper nur um die z-Achse rotieren soll, so ist $\frac{dz}{dt} = 0$, $\frac{d^2z}{dt^2} = 0$, so daß die Gleichungen 3, 4, 5 übergehen in:

$$0 = \sum Z + Z_0 + Z_1,$$

$$-\sum mz\frac{d^2y}{dt^2} = \sum L - lY_1,$$

$$\sum mz\frac{d^2x}{dt^2} = \sum M + lX_1.$$

Man setze:

$$x = r\cos\theta, \qquad y = r\sin\theta,$$

$$\frac{dx}{dt} = -r\sin\theta\frac{d\theta}{dt}, \qquad \frac{dy}{dt} = r\cos\theta\frac{d\theta}{dt}.$$

Dann wird:

$$\frac{d^2x}{dt^2} = -r\cos\theta\left(\frac{d\theta}{dt}\right)^2 - r\sin\theta\frac{d^2\theta}{dt^2} = -x\left(\frac{d\theta}{dt}\right)^2 - y\frac{d^2\theta}{dt^2},$$

$$\frac{d^2y}{dt^2} = -r\sin\theta\left(\frac{d\theta}{dt}\right)^2 + r\cos\theta\frac{d^2\theta}{dt^2} = -y\left(\frac{d\theta}{dt}\right)^2 + x\frac{d^2\theta}{dt^2},$$

$$\sum m\left(x\frac{d^2y}{dt^2} - y\frac{d^2x}{dt^2}\right) = \sum m(x^2 + y^2)\frac{d^2\theta}{dt^2},$$

also:

$$6. \quad \frac{d^2\theta}{dt^2}\sum mr^2 = \sum N \qquad \text{oder:} \qquad T\frac{d^2\theta}{dt^2} = \sum N,$$

wobei T das Trägheitsmoment des Körpers in bezug auf die Drehachse ist. Die übrigen fünf Gleichungen nehmen folgende Form an:

$$1. \quad \sum X + X_0 + X_1 = -\left(\frac{d\theta}{dt}\right)^2\sum mx - \frac{d^2\theta}{dt^2}\sum my,$$

$$2. \quad \sum Y + Y_0 + Y_1 = -\left(\frac{d\theta}{dt}\right)^2\sum my + \frac{d^2\theta}{dt^2}\sum mx,$$

$$3. \quad \sum Z + Z_0 + Z_1 = 0,$$

$$4. \quad \sum L - lY_1 = \left(\frac{d\theta}{dt}\right)^2\sum myz - \frac{d^2\theta}{dt^2}\sum mxz,$$

$$5. \quad \sum M + lX_1 = -\left(\frac{d\theta}{dt}\right)^2\sum mxz - \frac{d^2\theta}{dt^2}\sum my.$$

Die Koeffizienten auf den rechten Seiten sind die in der Lehre vom Trägheitsmoment betrachteten Summen (oder Integrale), und zwar diejenigen, welche verschwinden, wenn die Drehachse eine Hauptträgheitsachse ist.

Nachdem aus der Gleichung 6 durch Integration θ als Funktion von t bestimmt ist, findet man aus der vierten Gleichung Y_1, aus der fünften Gleichung X_1, dann aus der ersten und zweiten X_0 und Y_0, endlich liefert die dritte Gleichung direkt $Z_0 + Z_1$. Man kann nur die Summe der Kräfte Z_0 und Z_1 bestimmen, weil man wegen der Starrheit des Körpers in den Punkten 0 und l zwei beliebige entgegengesetzt gleich, parallel der z-Achse wirkende Kräfte hinzufügen kann, ohne das Gleichgewicht zu stören.

Spezielle Fälle

Es wirke nur ein Kräftepaar in der xy-Ebene. Dann ist:

$$\sum X = \sum Y = \sum Z = \sum L = \sum M = 0.$$

Daraus folgt zunächst $Z_0 + Z_1 = 0$.

Ist die Rotationsachse eine der drei Hauptträgheitsachsen des Punktes 0, so ist

$$\sum mxz = \sum myz = 0,$$

und es folgt $Y_1 = X_1 = 0$, d.h., der Punkt $z = 1$ braucht gar nicht mehr unterstützt zu werden, und man gelangt zu dem Satz: Erteilt man einem in einem Punkt fixierten Körper eine Drehung um eine der durch diesen Punkt gehenden Hauptträgheitsachsen, und wirkt auf den Körper nur ein Drehmoment, dessen Ebene senkrecht zu jener Achse ist, so wird der Körper fortgesetzt um dieselbe Achse rotieren, letztere also im Raum ruhen.

Ist der Punkt 0, 0, 0 der Schwerpunkt des Körpers, so ist

$$\sum mx = \sum my = \sum mz = 0,$$

folglich $X_0 = Y_0 = 0$, d.h., auch dieser Punkt erleidet dann keinen Druck. Es gilt daher der Satz: Jede der drei Zentral-Hauptträgheitsachsen ist eine sogenannte permanente Drehachse des freien Körpers (freie Achse der Rotation), d.h., der freie Körper, welcher eine Drehung um eine dieser Achsen erhalten hat, wird immer um sie rotieren, wenn auf ihn nur ein Drehmoment wirkt, dessen Ebene zu jener Achse senkrecht ist.

§26. Drehung eines Körpers um einen festen Punkt

Der Körper hat, wenn einer seiner Punkte festgehalten wird, noch drei Grade der Freiheit.

Ein spezieller Fall der Bewegung ergibt sich aus dem Vorhergehenden: Wenn keine Kräfte auf den Körper wirken, so kann er in jede der drei Hauptträgheitsachsen für den befestigten Punkt permanent rotieren.

Durch den festen Punkt sei ein im Raum festes Koordinatensystem X, Y, Z und ein mit dem Körper starr verbundenes x, y, z gelegt. Dann ist allgemein:

$$X = ax + by + cz,$$
$$Y = a'x + b'y + c'z,$$
$$Z = a''x + b''y + c''z.$$

Die neun Kosinus a, b, c, etc. ändern sich nun mit der Zeit. Es kommt darauf an, dieselben als Funktionen der Zeit zu bestimmen. Dann kennt man nach den obigen Formeln zu jeder Zeit die Lage eines beliebigen Punktes des Körpers im Raum. Zwischen den neun Kosinus bestehen folgende sechs Relationen:

$$ab + a'b' + a''b'' = 0, \qquad a^2 + a'^2 + a''^2 = 1,$$
$$bc + b'c' + b''c'' = 0, \qquad b^2 + b'^2 + b''^2 = 1,$$
$$ca + c'a' + c''a'' = 0, \qquad c^2 + c'^2 + c''^2 = 1.$$

Zur Berechnung der neun Kosinus gibt es nun eine symmetrische und eine unsymmetrische Methode; zunächst soll die symmetrische angewendet werden. Dieselbe beruht auf dem Satz, daß man jede Veränderung des Koordinatensystems x, y, z durch eine Drehung um eine feste durch den Nullpunkt gehende Achse ersetzen kann; die Winkel dieser Achse gegen die Koordinatenachsen X, Y, Z sowie den Drehungswinkel um diese Achse wählt man als unabhängige Variable.

Zusammensetzung von Rotationen

Die Lageveränderung eines um einen festen Punkt drehbaren Körpers ist bestimmt durch diejenige zweier Punkte A, B auf einer um den festen Punkt beschriebenen Kugelfläche; die Punkte A, B können aber in die beliebige neue Lage A', B' immer durch Drehung der Kugelfläche um eine feste Achse übergeführt werden. Einen Punkt der letzteren erhält man, indem man durch A, B und A', B' größte Kugelkreise und durch die Mittelpunkte von $\widehat{AB}$ und $\widehat{A'B'}$ dazu senkrechte legt. Diese schneiden sich in dem verlangten Punkt. Hieraus ergibt sich der oben angeführte Satz. Derselbe gilt natürlich auch für unendlich kleine Lageänderungen und ist hierfür besonders wichtig.

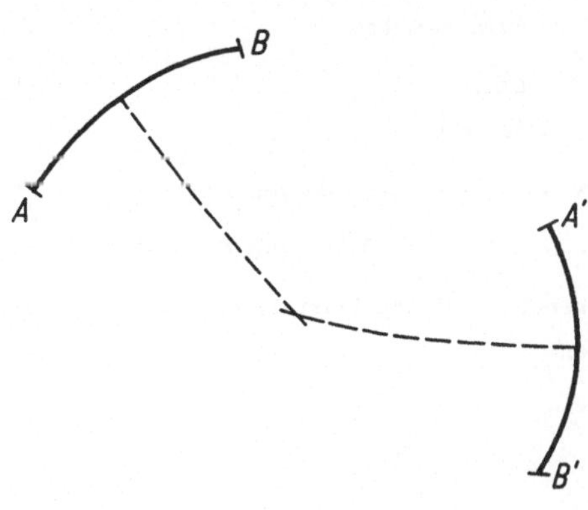

Die Achse, um welche man den Körper um einen unendlich kleinen Winkel dω gedreht denken muß, um ihm eine gewisse unendlich kleine Lageänderung zu erteilen, bilde mit den Koordinatenachsen die Winkel α, β, γ; man bezeichnet diese Achse als die Instantanachse. Man nennt:

$$\cos\alpha\, d\omega = p\, dt, \qquad \cos\beta\, d\omega = q\, dt, \qquad \cos\gamma\, d\omega = r\, dt$$

die Komponenten der Drehung, p, q, r die Komponenten der Winkelgeschwindigkeit.

Die Begründung dieser Bezeichnungen liegt in der Zusammensetzung unendlich kleiner Drehungen um einen Punkt. Stellt man nämlich zwei unendlich kleine Rotationen als Strecken auf den Drehachsen dar, so stelle die Diagonale des aus diesen zwei Strecken konstruierten Parallelogramms nach Größe und Richtung die resultierende unendlich kleine Rotation dar. Bei endlichen Drehungen ist diese Zusammensetzung nicht richtig, weil sie auf Vernachlässigung unendlich kleiner Größen höherer Ordnung beruht. Aus der Konstruktion folgt, daß unendlich kleine Drehungen permutabel sind. Es gilt daher auch die Zerlegung einer unendlich kleinen Rotation nach dem Parallelepipedsatz; hierdurch ist die Bezeichnung der obigen Größen pdt, qdt, rdt als Komponenten der Drehung begründet.

Durch eine Drehung um den Winkel φ um die x-Achse mögen die Koordinaten x, y, z übergehen in x', y', z'; dann ist:

$$x = x', \qquad y = y'\cos\varphi - z'\sin\varphi, \qquad z = y'\sin\varphi + z'\cos\varphi,$$

$$\varphi = pdt, \qquad \cos\varphi \approx 1, \qquad \sin\varphi \approx pdt;$$

folglich:

$$x = x', \qquad y = y' - z'pdt, \qquad z = y'pdt + z'.$$

Die Zunahmen der Koordinaten bei dieser Drehung sind demnach:

$$\delta'x' = 0, \qquad \delta'y' = -pdtz', \qquad \delta'z' = pdty',$$

ebenso sind dieselben bei Drehungen um die y- bzw. z-Achse:

$$\delta''x' = qdtz', \qquad \delta''y' = 0, \qquad \delta''z' = -qdtx',$$

$$\delta'''x' = -rdty', \qquad \delta'''y' = rdtx', \qquad \delta'''z' = 0.$$

Finden alle drei Drehungen zugleich statt, so sind daher die Inkremente:

$$\delta x' = qdtz' - rdty', \qquad \delta y' = -pdtz' + rdtx', \qquad \delta z' = pdty' - qdtx'.$$

Zwischen den Koordinaten x, y, z vor der unendlich kleinen Drehung und den x', y', z' nach derselben bestehen also die Gleichungen:

$$\text{I.}\quad \begin{aligned} x &= x' - rdty' + qdtz', \\ y &= rdtx' + y' - pdtz', \\ z &= -qdtx' + pdty' + z'. \end{aligned}$$

Unsymmetrische Behandlung der Drehung um einen Punkt

Dieselbe gibt der z-Achse und xy-Ebene einen Vorzug. Die Schnittlinie der xy-Ebenen des im Raum festen Koordinatensystems X, Y, Z und des mit dem Körper bewegten x, y, z heiße die Knotenlinie.

In dieser soll die in umstehender Figur angedeutete Richtung als positiv genommen

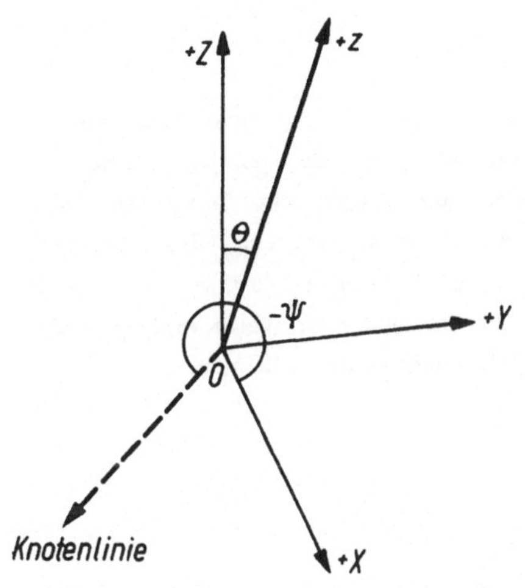

werden. Es werden folgende Winkel eingeführt:

1. θ ist der Winkel zwischen den beiden z-Achsen und geht von 0° bis 180°.
2. $-\psi$ ist der Winkel, welchen die Knotenlinie in der XY-Ebene mit der X-Achse bildet, derselbe geht von 0° bis 360°.
3. φ ist der Winkel, welchen die positive Knotenlinie in der xy-Ebene mit der x-Achse einschließt.

Durch diese drei Winkel ist die Lage des beweglichen Koordinatensystems gegen das feste vollständig bestimmt.

Man kann sich das System X; Y, Z in die Lage des Systems x, y, z durch drei sukzessive Drehungen übergeführt denken:

1. Eine Drehung um die Z-Achse um den Winkel $-\psi$ bringt es in die Lage x', y', z'.
2. Eine Drehung um die x'-Achse um den Winkel $-\theta$ bringt es in die Lage x", y", z".
3. Eine Drehung um die z"-Achse um den Winkel φ bringt es in die Lage x, y, z.

Die x'-Achse und die x"-Achse sind die Knotenlinien. - Es sollen jetzt sukzessive die Transformationsformeln aufgestellt werden. Zunächst ist:

$$\text{II. 1.} \quad X = x'\cos\psi + y'\sin\psi,$$
$$Y = -x'\sin\psi + y'\cos\psi,$$
$$Z = z'.$$

Ferner:

$$2. \quad x' = x'',$$
$$y' = y''\cos\theta + z''\sin\theta,$$
$$z' = -y''\sin\theta + z''\cos\theta.$$

$$3. \quad x'' = x\cos\varphi - y\sin\varphi,$$
$$y'' = x\sin\varphi + y\cos\varphi,$$
$$z'' = z.$$

Hieraus folgt:

$$X = (x\cos\varphi - y\sin\varphi)\cos\psi + (x\sin\varphi + y\cos\varphi)\cos\theta\sin\psi + z\sin\theta\sin\psi$$
$$= x(\cos\varphi\cos\psi + \sin\varphi\sin\psi\cos\theta) + y(-\sin\varphi\cos\psi + \cos\varphi\sin\psi\cos\theta)$$
$$+ z\sin\psi\sin\theta,$$

$$Y = x(-\sin\psi\cos\varphi + \sin\varphi\cos\psi\cos\theta) + y(\sin\varphi\sin\psi + \cos\varphi\cos\psi\cos\theta)$$
$$+ z\cos\psi\sin\theta,$$
$$Z = -x\sin\varphi\sin\theta - y\cos\varphi\sin\theta + z\cos\theta.$$

Es geht nun während der Zeit dt das System x, y, z in x', y', z' über durch eine unendlich kleine Drehung $d\omega$, deren Komponenten pdt, qdt, rdt sind. Die Formeln I geben dann x, y, z durch x', y', z' und die Drehungen ausgedrückt. Setzt man diese Werte in II ein, so erhält man X, Y, Z durch x', y', z' ausgedrückt. Dies kann man aber zweitens dadurch erhalten, daß man in II φ, ψ, θ durch $\varphi + d\varphi$, $\psi + d\psi$, $\theta + d\theta$ und x, y, z durch x', y', z' ersetzt. Durch Gleichsetzung beider Werte ergeben sich folgende Relationen zwischen p, q, r und den Inkrementen der Winkel φ, ψ, θ.

$$\text{III.}\quad d\varphi = [r + \cot\theta(\sin\varphi\cdot p + \cos\varphi\cdot q)]\,dt,$$
$$d\psi = \frac{1}{\sin\theta}(\sin\varphi\cdot p + \cos\varphi\cdot q)\,dt,$$
$$d\theta = (-\cos\varphi\cdot p + \sin\varphi\cdot q)\,dt.$$

Dies sind die Inkremente, welche die die Lage des beweglichen Systems x, y, z gegen das feste X, Y, Z bestimmenden Winkel φ, ψ, θ erfahren, wenn dem System x, y, z eine infinitesimale Drehung erteilt wird, deren Komponenten in bezug auf dasselbe Koordinatensystem pdt, qdt, rdt sind.

Hat man p, q, r als Funktionen der Zeit bestimmt, so erhält man die Winkel φ, ψ, θ als Funktionen der Zeit durch Integration der drei Differentialgleichungen erster Ordnung (III).

Das mit dem rotierenden Körper verbundene Koordinatensystem x, y, z soll jetzt spezialisiert werden als das durch den festen Punkt 0 gehende Hauptträgheitsachsensystem. Auf dieses werden auch p, q, r bezogen. Es wird sich zeigen, daß man drei Differentialgleichungen aufstellen kann, welche zur Bestimmung von p, q, r ausreichen; dies sind die Eulerschen Differentialgleichungen.

Zunächst soll die lebendige Kraft des rotierenden Körpers in p, q, r ausgedrückt werden. Aus den Gleichungen I folgt (da man in den unendlich kleinen Gliedern x, y, z statt x', y', z' schreiben kann):

$$-\frac{dx}{dt} = -ry + qz, \qquad -\frac{dy}{dt} = rx - pz, \qquad -\frac{dz}{dt} = -qx + py.$$

Daher ist die lebendige Kraft:

$$T = \frac{1}{2}\sum dm\left[\left(\frac{dx}{dt}\right)^2 + \left(\frac{dy}{dt}\right)^2 + \left(\frac{dz}{dt}\right)^2\right] = \frac{1}{2}p^2\sum dm(y^2 + z^2)$$
$$+ \frac{1}{2}q^2\sum dm(x^2 + z^2) + \frac{1}{2}r^2\sum dm(x^2 + y^2)$$
$$- pq\sum dm\,xy - qr\sum dm\,yz - pr\sum dm\,xz.$$

Die drei letzten Glieder verschwinden aber wegen der Wahl des Koordinatensystems.

Ferner sind $\sum dm(y^2 + z^2)$, $\sum dm(x^2 + z^2)$, $\sum dm(x^2 + y^2)$ die drei Hauptträgheitsmomente A, B, C für den Nullpunkt, folglich:

$$\text{IV.} \quad T = \frac{1}{2}(Ap^2 + Bq^2 + Cr^2).$$

T ist die lebendige Kraft eines rotierenden Körpers, wenn A, B, C dessen Hauptträgheitsmomente, p, q, r die instantanen Winkelgeschwindigkeiten sind.

$$\frac{dx}{dt} = -ry + qz, \qquad \frac{dy}{dt} = rx - pz, \qquad \frac{dz}{dt} = py - qx$$

werde eingesetzt in die Summen:

$$\sum dm\left(y\frac{dz}{dt} - z\frac{dy}{dt}\right)$$

sowie die zwei analogen. Dies ergibt:

$$p\sum dm(y^2 + z^2) - q\sum dm\,xy - r\sum dm\,xz, \qquad \text{etc.}$$

Hier sind $\sum dm\,xy$ und $\sum dm\,xz$ gleich null, da die Koordinatenachsen die Hauptträgheitsachsen sind, folglich:

$$\text{V.} \quad \sum dm\left(y\frac{dz}{dt} - z\frac{dy}{dt}\right) = Ap,$$

$$\sum dm\left(z\frac{dx}{dt} - x\frac{dz}{dt}\right) = Bq,$$

$$\sum dm\left(x\frac{dy}{dt} - y\frac{dx}{dt}\right) = Cr.$$

Einführung des Begriffs der Stoßkraft

Man mißt sehr starke während einer sehr kurzen Zeit wirkende Kräfte, sogenannte Momentankräfte oder Stoßkräfte, nicht durch die Beschleunigung, sondern durch die erzeugte Geschwindigkeit, also durch mv, wenn ein Massepunkt der Masse m die Geschwindigkeit v erhalten hat; mv ist die Quantität der Bewegung.

Sollen die Teile eines Körpers Geschwindigkeiten $\frac{dx}{dt}, \frac{dy}{dt}, \frac{dz}{dt}$ erhalten, so kann dies auch durch Stoßkräfte geschehen; die Drehmomente dieser Stoßkräfte um die Koordinatenachsen sind die in V auf der linken Seite stehenden Summen (oder Integrale). Die Komponenten X, Y, Z der Stoßkräfte werden dadurch aufgehoben, daß der Punkt Null fest ist.

Der in V. ausgesprochene Satz ist also:

Um den Körper in seinen augenblicklichen Bewegungszustand zu versetzen, muß man auf ihn ein impulsives Kräftesystem wirken lassen, dessen Drehmomente um die x-, y-, z-Achse Ap, Bq, Cr sind.

Zerlegt man das Kräftesystem, so fallen die Komponenten fort, weil der Punkt 0 fest ist; es bleibt daher nur ein impulsives Paar übrig, dessen Komponenten Ap, Bq, Cr sind. Die Größe des Paares ist:

$$\text{V.a)}\quad G = \sqrt{A^2p^2 + B^2q^2 + C^2r^2}\,,$$

und die Winkel, welche die Achse des Paares mit den Koordinatenachsen bildet, sind gegeben durch:

$$\text{V.b)}\quad \cos\alpha : \cos\beta : \cos\gamma = Ap : Bq : Cr.$$

Die invariable Ebene hatte die Gleichung:

$$Apx + Bqy + Crz = 0,$$

und die Flächenkonstante (falls keine äußeren Kräfte mehr wirken) für diese Ebene war gleich $\sqrt{A^2p^2 + B^2q^2 + C^2r^2}$, also gleich G. Die Achse des impulsiven Paares steht also auf der Ebene des größten Momentes senkrecht.

§27. Die Eulerschen Differentialgleichungen

Es sei ξ, η, ζ ein beliebiges Koordinatensystem. Es ist:

$$\frac{d}{dt}\sum dm\left(\eta\frac{d\zeta}{dt} - \zeta\frac{d\eta}{dt}\right) = \sum dm\left(\eta\frac{d^2\zeta}{dt^2} - \zeta\frac{d^2\eta}{dt^2}\right) = \Lambda,$$

wobei Λ das Drehungsmoment der äußeren Kräfte um die ξ-Achse ist.

Die drei Bewegungsgleichungen, wenn der Punkt 0 fest ist, sind also:

$$\frac{d}{dt}\sum dm\left(\eta\frac{d\zeta}{dt} - \zeta\frac{d\eta}{dt}\right) = L',$$

$$\frac{d}{dt}\sum dm\left(\zeta\frac{d\xi}{dt} - \xi\frac{d\zeta}{dt}\right) = M',$$

$$\frac{d}{dt}\sum dm\left(\xi\frac{d\eta}{dt} - \eta\frac{d\xi}{dt}\right) = N'.$$

Nun falle das mit dem Körper rotierende Koordinatensystem x, y, z zur Zeit t mit dem festen ξ, η, ζ zusammen; zur Zeit t sind obige Summen also gleich Ap, Bq, Cr, zur Zeit t + dt gleich A(p + dp), B(q + dq), C(r + dr), aber in bezug auf ein anderes Koordinatensystem x', y', z', für welches die Formeln gelten:

$$\text{I.}\quad \begin{aligned} x &= x' - r\,dt\,y' + q\,dt\,z', \\ y &= r\,dt\,x' + y' - p\,dt\,z', \\ z &= -q\,dt\,x' + p\,dt\,y' + z'. \end{aligned}$$

A(p + dp), B(q + dq), C(r + dr) sind die Koordinaten eines Punktes auf der Achse des impulsiven Paares zur Zeit t + dt in bezug auf das im Körper feste Koordinatensystem. Um zu finden, was aus Ap, Bq, Cr wird (bezogen auf ein im Raume festes Koordinatensystem), muß man die Gleichungen I anwenden und in ihnen für x', y', z' eintragen A(p + dp), B(q + dq), C(r + dr). Man erhält (bis auf Größen zweiter Ordnung):

$$A(p + dp) - rBqdt + qCrdt,$$
$$rApdt + B(q + dq) - pCrdt,$$
$$-qApdt + Bpqdt + C(r + dr).$$

Also ergibt sich:

$$\text{VI.} \quad \begin{array}{lll} Ap & \text{wird} & Ap + Adp - (B - C)qrdt, \\ Bq & \text{wird} & Bq + Bdq - (C - A)rpdt, \\ Cr & \text{wird} & Cr + Cdr - (A - B)pqdt, \end{array}$$

d.h., die Komponenten des impulsiven Paares, welche in bezug auf das Koordinatensystems ξ, η, ζ zur Zeit t Ap, Bq, Cr waren, sind zur Zeit t + dt in bezug auf daselbe feste Koordinatensystem übergegangen in die in VI. angegebenen Ausdrücke.

Es ist nun $d\Sigma_1$, $d\Sigma_2$, $d\Sigma_3$ in die Bewegungsgleichungen einzusetzen. Dies gibt (wenn man statt L', M', N' wieder L, M, N und statt ξ, η, ζ entsprechend x, y, z geschrieben hat):

$$\text{VII.} \quad \begin{aligned} A\frac{dp}{dt} - (B - C)qr &= L, \\ B\frac{dq}{dt} - (C - A)rp &= M, \\ C\frac{dr}{dt} - (A - B)pq &= N. \end{aligned}$$

Dies sind die Eulerschen Differentialgleichungen erster Ordnung für die Winkelgeschwindigkeiten p, q, r. Hierzu kommen die Differentialgleichungen:

$$\text{III.} \quad \begin{aligned} \frac{d\varphi}{dt} &= (r + \cot\theta)(p\sin\varphi + q\cos\varphi), \\ \frac{d\psi}{dt} &= \frac{1}{\sin\theta}(p\sin\varphi + q\cos\varphi), \\ \frac{d\theta}{dt} &= -p\cos\varphi + q\sin\varphi. \end{aligned}$$

§28. Die Poinsotsche Theorie der freien Rotation um einen Punkt

(nach Liouvilles Journal, Band 16)

Die Eulerschen Differentialgleichungen sollen zunächst gedeutet werden durch Betrachtung der impulsiven Kräfte.

Sollen impulsive und kontinuierliche Kräfte nebeneinander betrachtet werden und mißt man die impulsiven an der Bewegungsquantität, so muß man die kontinuierlichen an der in der Zeit dt erzeugten Bewegungsquantität messen, also durch mvdt, wenn v die die in der Zeit 1 hervorgebrachte Geschwindigkeit ist.

A(p + dp), B(q + dq), C(r + dr) sind die Komponenten des impulsiven Paares zur Zeit t + dt; dieselben sind:

$$A(p + dp) = Ap + [(B - C)qr + L]\,dt,$$
$$B(q + dq) = Bq + [(C - A)rp + M]\,dt,$$
$$C(r + dr) = Cr + [(A - B)pq + N]\,dt.$$

Das neue Moment ist die geometrische Summe aus dem alten und dem hinzutretenden Moment, dessen Komponenten

$$[(B - C)qr + L]dt, \qquad [(C - A)rp + M]dt, \qquad [(A - B)pq + N]dt$$

sind.

Dieses letztere ist ein kontinuierlich wirkendes Paar, gemessen im Maß der impulsiven Kräfte, also ein kontinuierliches Paar mit den Komponenten: $(B - C)qr + L$, etc. Dasselbe ist selbst wieder die geometrische Summe aus dem Drehmoment der äußeren Kräfte und dem Paar:

$$(B - C)qr, \qquad (C - A)rp, \qquad (A - B)pq.$$

Letzteres entsteht aus der Zentrifugalkraft der Rotation.

Beweis: Es sei ω die Winkelgeschwindigkeit um die Achse selbst, also:

$$\omega^2 = p^2 + q^2 + r^2,$$

ξ, η, ζ sei die Projektion des Punktes x, y, z auf die Achse, ρ der Abstand. Also wird die Zentralkraft des Massenelementes dm in x, y, z gleich $dm\,\rho\omega^2$.

Die Komponenten der Zentrifugalkraft sind daher:

$$X = (x - \xi)\omega^2\,dm, \qquad Y = (y - \eta)\omega^2\,dm, \qquad Z = (z - \zeta)\omega^2 dm.$$

Nun ist: $\xi : \eta : \zeta = p : q : r$;

$$s = \sqrt{\xi^2 + \eta^2 + \zeta^2}$$

ist gleich dem Abstand des Punktes x, y, z von der Ebene

$$px + qy + rz = 0,$$

also:

$$s = \frac{px + qy + rz}{\sqrt{p^2 + q^2 + r^2}},$$

$$\xi^2 + \eta^2 + \zeta^2 = \frac{(px + qy + rz)^2}{p^2 + q^2 + r^2}.$$

Daraus folgt:

$$\xi = \frac{p(px + qy + rz)}{p^2 + q^2 + r^2},$$

$$\eta = \frac{q(px + qy + rz)}{p^2 + q^2 + r^2},$$

$$\zeta = \frac{r(px + qy + rz)}{p^2 + q^2 + r^2},$$

$$X = [x(p^2 + q^2 + r^2) - p(px + qy + rz)]\,dm$$
$$= [x(q^2 + r^2) - pqy - prz]\,dm,$$
$$Y = [y(r^2 + p^2) - qrz - qpx]\,dm,$$
$$Z = [z(p^2 + q^2) - rpx - rqy]\,dm.$$

Die Drehmomente sind:

$$yZ - zY = [yz(p^2 + q^2) - xypr - y^2qr - yz(p^2 + r^2) + xzpq + z^2qr]\,dm,$$

analog die beiden anderen.

Integriert man nun über dm, so bleiben nur die Integrale über Quadrate der Koordinaten übrig (wegen des Koordinatensystems); folglich sind die Drehmomente der ganzen Zentrifugalkraft:

$$\int (yZ - zY)dm = qr[-\int (x^2 + y^2)dm + \int (x^2 + z^2)dm] = (B - C)qr,$$
$$\int (zX - xZ)dm = (C - A)rp, \qquad \int (xY - yX)dm = (A - B)pq,$$

was zu beweisen war.

Die rechter Hand in den Eulerschen Differentialgleichungen neben L, M, N mit dt multiplizierten Ausdrücke sind also die Komponenten der ganzen Zentrifugalkraft des Körpers bei der Rotation um die instantane Achse.

Integration der Eulerschen Gleichungen für den Fall, daß keine äußeren Kräfte wirken

Die lebendige Kraft ist:

$$T = \frac{1}{2}(Ap^2 + Bq^2 + Cr^2);$$

dies muß ein erstes Integral sein. Von den Flächensätzen ist hier nur der Teil zu gebrauchen, daß die Winkelgeschwindigkeit oder die Größe des impulsiven Paares konstant ist, nicht die Konstanz der Richtung der Achse, weil hier das Koordinatensystem nicht fest ist. Die Flächensätze liefern also das Integral:

$$A^2p^2 + B^2q^2 + C^2r^2 = G^2,$$

wobei G eine Konstante ist, denn es ist die Größe des impulsiven Paares.

Es ergibt sich auch direkt aus den Differentialgleichungen:

$$Ap\frac{dp}{dt} + Bq\frac{dq}{dt} + Cr\frac{dr}{dt} = 0,$$

woraus das Integral der lebendigen Kraft folgt:

$$1. \quad \frac{1}{2}(Ap^2 + Bq^2 + Cr^2) = T.$$

Ferner ergibt sich (durch das Faktorensystem Ap, Bq, Cr):

$$A^2p\frac{dp}{dt} + B^2q\frac{dq}{dt} + C^2r\frac{dr}{dt} = 0,$$

also der Flächensatz:

$$2. \quad \frac{1}{2}(A^2p^2 + B^2q^2 + C^2r^2) = \frac{1}{2}G^2 = T\varkappa.$$

Es ist immer $B + C > A$, $C + A > B$, $A + B > C$, d.h., es bestehen zwischen den Hauptträgheitsmomenten dieselben Ungleichungen wie zwischen den Seiten eines ebenen Dreiecks. Es soll festgesetzt werden, daß B das mittlere Moment sei, A oder C das größte. Dann liegt die Konstante $\varkappa$ zwischen A und C; dies läßt sich aus obigen Ungleichungen herleiten.

Zu den zwei Gleichungen kommt noch hinzu:

$$3. \quad p^2 + q^2 + r^2 = \omega^2 .$$

Es sei:

$$\lambda^2 = 2T\frac{B + C - \varkappa}{BC},$$

$$\mu^2 = 2T\frac{C + A - \varkappa}{CA},$$

$$\nu^2 = 2T\frac{A + B - \varkappa}{AB}.$$

Dann erhält man durch Auflösung der Gleichungen 1, 2, 3:

$$p^2 = \frac{BC}{(A - C)(A - B)}(\omega^2 - \lambda^2),$$

$$q^2 = \frac{CA}{(B - C)(B - A)}(\omega^2 - \mu^2),$$

$$r^2 = \frac{AB}{(C - A)(C - B)}(\omega^2 - \nu^2).$$

Durch Einsetzung in eine der drei Differentialgleichungen erhält man für ω die Differentialgleichung:

$$dt = \frac{\omega\, d\omega}{\sqrt{-(\omega^2 - \lambda^2)(\omega^2 - \mu^2)(\omega^2 - \nu^2)}}.$$

Folglich ist:

$$t = \int \frac{\omega\, d\omega}{\sqrt{-(\omega^2 - \lambda^2)(\omega^2 - \mu^2)(\omega^2 - \nu^2)}} + \text{const}.$$

Dies ist das dritte Integral unserer Differentialgleichungen. Die Eulerschen Differentialgleichungen führen demnach auf elliptischen Funktionen, die Zeit ist ein elliptisches Integral erster Art; p, q, r sind elliptische Funktionen der Zeit. Um dieselben zu finden, muß man t auf die Normalform bringen; die Weierstraßschen Funktionen σ_1, σ_2, σ_3, σ sind hier besonders vorteilhaft anzuwenden. Es soll sein:

I. A das kleinest Moment, wenn $\varkappa > B$ ist,

II. C das kleinste Moment, wenn $\varkappa < B$ ist,

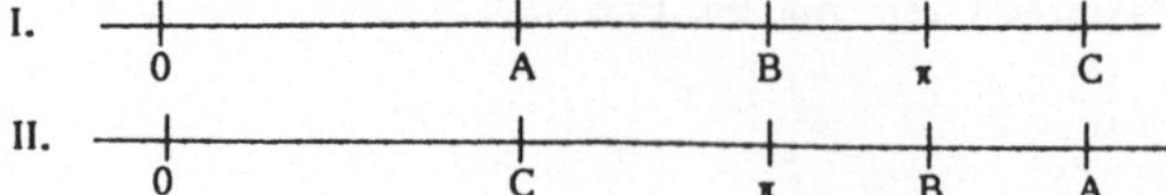

$\varkappa = B$ ist ein Ausnahmefall. Bringt man t auf die Legendresche Normalform, so ist:

$$k^2 = \frac{C - \varkappa}{C - B} \cdot \frac{A - B}{A - \varkappa}$$

(Doppelverhältnis der vier Punkte). Der Modul ist wegen der Aufeinanderfolge der vier Punkte größer als Null und kleiner als Eins. Man führe die Konstanten ein:

$$\bar{p}^2 = 2T\frac{C - \varkappa}{A(C - A)}, \qquad \bar{q}^2 = 2T\frac{C - \varkappa}{B(C - B)},$$

$$\bar{r}^2 = 2T\frac{A - \varkappa}{C(A - C)}, \qquad m^2 = \frac{2T}{ABC}(C - B)(\varkappa - A).$$

Dann ergibt sich:

$$p = \bar{p}\cos \mathrm{am}(mt + \varepsilon),$$
$$q = \bar{q}\sin \mathrm{am}(mt + \varepsilon),$$
$$r = \bar{r}\,\Delta \mathrm{am}(mt + \varepsilon).$$

Die ganze Bewegung wiederholt sich periodisch; die Periode des elliptischen Integrals t sei 4K, dann ist die Periode der Bewegung:

$$\frac{4K}{m} = \frac{4}{m}\int_0^{\pi/2} \frac{d\chi}{\sqrt{1 - k^2 \sin^2 \chi}} .$$

Für $\varkappa = B$ wird $k^2 = 1$, K unendlich, die Bewegung ist also in diesem speziellen Fall aperiodisch.

Geometrische Betrachtung dieser Bewegung (nach POINSOT)

Man konstruiere im Körper die aufeinanderfolgenden Drehungsachsen, welche einen krummen Kegel bilden; ebenso erhält man einen solchen Kegel als Ort der Drehungsachsen im Raum. Die ganze Bewegung ist dann eine Rollbewegung der ersten Kegelfläche auf der im Raum festen Kegelfläche.

Die Eulerschen Differentialgleichungen liefern nur den rollenden Kegel, bezogen auf das Hauptkoordinatensystem. Es ist:

$$p : q : r = \cos\alpha : \cos\beta : \cos\gamma,$$

$$A^2p^2 + B^2q^2 + C^2r^2 = 2T\varkappa$$
$$\varkappa(Ap^2 + Bq^2 + Cr^2) = 2T\varkappa$$

$$A(A - \varkappa)p^2 + B(B - \varkappa)q^2 + C(C - \varkappa)r^2 = 0.$$

ξ, η, ζ sei ein beliebiger Punkt der Drehachse; dann ist:

$$A(A - \varkappa)\xi^2 + B(B - \varkappa)\eta^2 + C(C - \varkappa)\zeta^2 = 0$$

die Gleichung des rollenden Kegels.

Die aufeinanderfolgenden instantanen Drehachsen bilden im Körper eine Kegelfläche zweiten Grades.

POINSOT betrachtet den Schnitt dieses Kegels mit dem Trägheitsellipsoid, dessen Gleichung

$$A\xi^2 + B\eta^2 + C\zeta^2 = 1$$

ist. POINSOT nennt den Schnittpunkt der Drehachse mit dem Trägheitsellipsoid den Pol der instantanen Drehachse.

Es ist $\xi = mp$, $\eta = mq$, $\zeta = mr$, und es soll gelten:

$$(Ap^2 + Bq^2 + Cr^2)m^2 = 1,$$

also $m = \frac{1}{\sqrt{2T}}$; folglich sind die Koordinaten des Poles der Drehachse:

$$\xi = \frac{p}{\sqrt{2T}}, \qquad \eta = \frac{q}{\sqrt{2T}}, \qquad \zeta = \frac{r}{\sqrt{2T}}.$$

Der Ort dieses Poles ist die Kurve, deren Gleichungen sind

$$A\xi^2 + B\eta^2 + C\zeta^2 = 1,$$
$$A^2\xi^2 + B^2\eta^2 + C^2\zeta^2 = \varkappa,$$

also der Durchschnitt des Trägheitsellipsoids mit dem anderen Ellipsoid $A^2\xi^2 + B^2\eta^2 + C^2\zeta^2 = \varkappa$ (eine Kurve vierten Grades). POINSOT nennt diese Kurve die Polhodie (eigentlich Polohodie, d.h. Polwegkurve).

Es seien ξ', η', ζ' die laufenden Koordinaten eines Punktes der Tangentialebene des Trägheitsellipsoids im Punkt ξ, η, ζ; dann ist die Gleichung der Tangentialebene:

$$A\xi\xi' + B\eta\eta' + C\zeta\zeta' = 1;$$

und der Abstand dieser Ebene vom Mittelpunkt (Nullpunkt) ist:

$$[(A\xi)^2 + (B\eta)^2 + (C\zeta)^2]^{-1/2} = \frac{1}{\sqrt{\varkappa}}.$$

Konstruiert man in den Punkten der Polhodie die Tangentialebenen an das Trägheitsellipsoid, so haben diese Ebenen vom Mittelpunkt den konstanten Abstand $\frac{1}{\sqrt{\varkappa}}$. Umgekehrt kann man hierdurch die Polhodie definieren.

Die Halbachsen des Trägheitsellipsoids sind $\frac{1}{\sqrt{A}}, \frac{1}{\sqrt{B}}, \frac{1}{\sqrt{C}}$; $\frac{1}{\sqrt{B}}$ ist immer die mittlere. Alle vom Nullpunkt um $\frac{1}{\sqrt{\varkappa}}$ abstehenden Ebenen umhüllen eine Kugel vom Radius $\frac{1}{\sqrt{\varkappa}}$; die gemeinsamen Tangentialebenen dieser Kugel und des Trägheitsellipsoids berühren letzteres in der Polhodie.

Für $\frac{1}{\sqrt{\varkappa}} = \frac{1}{\sqrt{A}}$ ist die Polhodie der Endpunkt der Achse $\frac{1}{\sqrt{A}}$; nimmt $\frac{1}{\sqrt{A}}$ ab, so erweitert sich die Polhodie zu zwei diesen Endpunkt umgebenden Ovalen. Wird $\varkappa \gtreqqless B$, so spaltet sich die Polhodie und geht über in Ovale, welche die Endpunkte der kleinen Achse umgeben, bis für $\varkappa = C$ sich die Polhodie wieder auf deren Endpunkt reduziert. Für $\varkappa = B$ besteht die Polhodie aus zwei sich in der mittleren Achse schneidenden Ellipsen.

Die Konstante $\varkappa$ muß offenbar immer zwischen A und C liegen, denn es ist ja zur

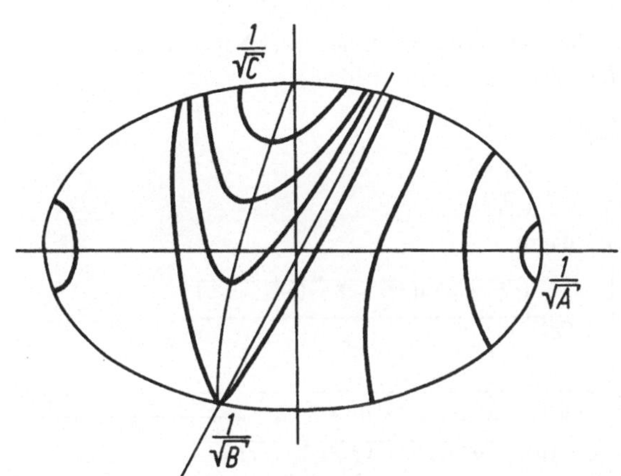

Zeit 0 irgendeine Richtung der Rotationsachse, also auch irgendeine reelle Tangentialebene in dem entsprechenden Punkt vorhanden.

1. Ist $\pi > B$, so besteht die Polhodie aus einem oberen und unteren Oval. Im ersten Fall liegt ρ^2 zwischen den Grenzen:

   $$\frac{B + C - \pi}{BC} \quad \text{und} \quad \frac{A + C - \pi}{AC},$$

   wenn ρ die Entfernung der Polhodie vom Nullpunkt ist.

2. Ist $\pi < B$, so besteht die Polhodie aus einem rechten und einem linken Oval. Es zeigt sich, daß in Folge der ursprünglichen Festsetzung ρ^2 zwischen denselben Grenzen liegt.

Es werde gesetzt:

$$\frac{B + C - \pi}{BC} = \alpha^2, \qquad \frac{A + C - \pi}{AC} = \beta^2, \qquad \frac{A + B - \pi}{AB} = \gamma^2;$$

dann liegt also ρ^2 immer zwischen α^2 und β^2. Es war $p = \xi\sqrt{2T}$, $q = \eta\sqrt{2T}$, $r = \zeta\sqrt{2T}$; setzt man dies ein in p^2, q^2, r^2 etc. und setzt für ω $\rho\sqrt{2T}$, so folgt:

$$\xi^2 = (\rho^2 - \alpha^2)\frac{BC}{(A - B)(A - C)},$$

$$\eta^2 = (\rho^2 - \beta^2)\frac{CA}{(B - C)(B - A)},$$

$$\zeta^2 = (\rho^2 - \gamma^2)\frac{AB}{(C - A)(C - B)}.$$

Dies sind Gleichungen für die Koordinaten der Punkte der Polhodie, ausgedrückt durch $\rho = \frac{\omega}{\sqrt{2T}}$. Die Winkelgeschwindigkeit, welche zu einem instantanen Pol gehört, ist gleich der Entfernung des Pols vom Nullpunkt, multipliziert mit der Konstanten. Man erhält:

$$dt = \sqrt{2T}\frac{\rho\, d\rho}{\sqrt{-(\rho^2 - \alpha^2)(\rho^2 - \beta^2)(\rho^2 - \gamma^2)}},$$

$$t - t_0 = \sqrt{2T}\int_{\rho_0}^{\rho}\frac{\rho\, d\rho}{\sqrt{-(\rho^2 - \alpha^2)(\rho^2 - \beta^2)(\rho^2 - \gamma^2)}}.$$

t ist also dargestellt als elliptisches Integral erster Art, dessen Grenze die Entfernung des Pols vom Nullpunkt ist.

Die "Wechselgeschwindigkeit", d.h. die Geschwindigkeit, mit welcher sich der Pol auf der Polhodie bewegt, ergibt sich folgendermaßen. Es ist:

$$\left(\frac{d\xi}{d\rho}\right)^2 + \left(\frac{d\eta}{d\rho}\right)^2 + \left(\frac{d\zeta}{d\rho}\right)^2 = \left(\frac{d\sigma}{d\rho}\right)^2,$$

$$-\frac{2\rho^2 T}{(\rho^2-\alpha^2)(\rho^2-\beta^2)(\rho^2-\gamma^2)} = \left(\frac{dt}{d\rho}\right)^2$$

($d\sigma$ Bogenelement der Polhodie) und damit

$$\frac{d\sigma}{dt} = \frac{\sqrt{\left(\frac{d\sigma}{dt}\right)^2 + \left(\frac{d\eta}{dt}\right)^2 + \left(\frac{d\zeta}{dt}\right)^2}\cdot\sqrt{-(\rho^2-\alpha^2)(\rho^2-\beta^2)(\rho^2-\gamma^2)}}{\rho\sqrt{2T}}.$$

So wird:

$$d\sigma = \rho\, d\rho \sqrt{\frac{\rho^4 - (\alpha^2+\beta^2+\gamma^2)\rho^2 + \alpha^2\beta^2 + \beta^2\gamma^2 + \gamma^2\alpha^2 - \frac{2\pi - A - B - C}{ABC}}{(\rho^2-\alpha^2)(\rho^2-\beta^2)(\rho^2-\gamma^2)}}.$$

Die Wechselgeschwindigkeit ist somit:

$$\frac{d\sigma}{dt} = \frac{1}{\sqrt{2T}}\sqrt{-\rho^4 + (\alpha^2+\beta^2+\gamma^2)\rho^2 - \alpha^2\beta^2 - \beta^2\gamma^2 - \gamma^2\alpha^2 + \frac{2\pi - A - B - C}{ABC}}.$$

Absolute Bewegung im Raum

Die Gleichung der invariablen Ebene im beweglichen System ist:

$$Ap\xi' + Bq\eta' + Cr\zeta' = 0.$$

Die Gleichung der Tangentialebene im Pol war:

$$A\xi\xi' + B\eta\eta' + C\zeta\zeta' = 1,$$

und es ist $\xi : \eta : \zeta = p : q : r$.

Folglich ist die Tangentialebene im instantanen Pol an das Trägheitsellipsoid immer der invariablen Ebene parallel. Das Trägheitsellipsoid rollt also auf einer im Raum festen, der invariablen Ebene parallelen Ebene ab, da ja die Tangentialebene außerdem konstanten Abstand vom Mittelpunkt hat.

Integration der Gleichung III

Das feste Koordinatensystem X, Y, Z werde so gelegt, daß die Z-Achse die Achse des impulsiven Paares ist, also die X,Y-Ebene die invariable Ebene. Dann ist, da $\frac{Ap}{G}$, $\frac{Bq}{G}$, $\frac{Cr}{G}$ die Richtungskosinus der Achse des impulsiven Paares sind,

$$-\sin\varphi\sin\theta = \frac{Ap}{G}, \qquad -\cos\varphi\sin\theta = \frac{Bq}{G}, \qquad \cos\theta = \frac{Cr}{G}.$$

Es ist $0 \leqq \theta < \pi$, θ durch $\frac{Cr}{G}$ völlig bestimmt, φ erhält man aus der ersten Gleichung. Unbekannt bleibt nur noch ψ; man hat hierfür die Differentialgleichung:

$$\frac{d\psi}{dt} = -\sqrt{2T\pi}\,\frac{Ap^2 + Bq^2}{A^2p^2 + B^2q^2} \qquad (\sqrt{2T\pi} = \sqrt{G}),$$

$$\psi - \psi_0 = -\sqrt{2T\pi}\int_{t_0}^{t} \frac{Ap^2 + Bq^2}{A^2p^2 + B^2q^2}\,dt.$$

Setzt man für p und q die früher gefundenen elliptischen Funktionen von t ein, so ergibt sich also für $\psi - \psi_0$ ein elliptisches Integral dritter Art.

Die Winkel φ und θ sind ohne Quadratur bestimmt worden. Damit ist das Problem der Rotation analytisch völlig gelöst. JACOBI hat sehr elegante Ausdrücke für die neuen Kosinus gefunden (II. Band seiner Werke).

Die Herpolhodie (die Kurve, welche der Pol im Raum beschreibt)

Man erhält X, Y, Z als Funktion der Zeit, indem man x, y, z durch die früher für ξ, η, ζ gefundenen Funktionen ausdrückt. Hierdurch kann man analytisch die Bahn des Poles, d.h. die Herpolhodie, finden.

Die im Raum feste Tangentialebene ist senkrecht zur Z-Achse; der Körper bewegt sich so, als wenn sein Trägheitsellipsoid bei festgehaltenem Mittelpunkt auf derjenigen zur invariablen Ebene parallelen Ebene rollte, welche vom Mittelpunkt den Abstand $\frac{1}{\sqrt{\pi}}$ hat.

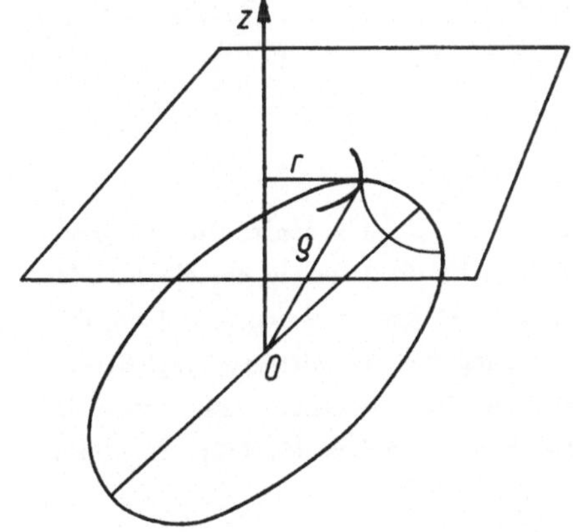

Der Pol ist der Berührungspunkt des Ellipsoids mit dieser Ebene, und die Herpolhodie die von diesem Berührungspunkt im Laufe der Zeit durchlaufene Kurve.

Es ist: $r^2 = \rho^2 - \frac{1}{\pi}$, die Polarkoordinaten, durch welche die Herpolhodie dargestellt werden soll, seien r, χ, ihr Bogenelement ist dann $\sqrt{r^2 d\chi^2 + dr^2}$. Dasselbe muß gleich dem Bogenelement $d\sigma$ der Polhodie sein. Dies gibt die Differentialgleichung

$$d\chi^2 = \frac{d\sigma^2}{r^2} - \frac{dr^2}{r^2},$$

$$d\chi^2 = \frac{(\rho d\rho)^2}{r^2}\cdot\frac{\rho^4 - (\alpha^2 + \ldots)\rho^2 + \alpha^2\beta^2 + \ldots - \frac{2\pi - A - B - C}{ABC}}{(\rho^2 - \alpha^2)(\rho^2 - \beta^2)(\rho^2 - \gamma^2)} - \frac{dr^2}{r^2}.$$

Hierin ist $\rho^2 = r^2 + \frac{1}{\pi}$ einzusetzen, dies ergibt:

$$d\chi = \frac{dr}{r} \cdot \frac{\frac{r^2}{\sqrt{\pi}} + \frac{(A - \pi)(B - \pi)(C - \pi)}{ABC\sqrt{\pi}}}{\sqrt{-(r^2 + \frac{1}{\pi} - \alpha^2)(r^2 + \frac{1}{\pi} - \beta^2)(r^2 + \frac{1}{\pi} - \gamma^2)}} .$$

Der Polarwinkel wird also ein elliptisches Integral zweiter Art von r. Die Herpolhodie ist eingeschlossen zwischen zwei Kreisen von den Radien $\sqrt{\alpha^2 - \frac{1}{\pi}}$ und $\sqrt{\beta^2 - \frac{1}{\pi}}$, weil ρ^2 zwischen α^2 und β^2 lag.

Für den Spezialfall $\pi = B$, wo die Periode der Bewegung unendlich wird, reduziert sich der innere Kreis auf den Koordinatenanfangspunkt. Wenn die Polhodie einmal abgerollt ist, wiederholt sich das Bogenstück der Herpolhodie periodisch. Im Falle $\pi = B$ ist die Herpolhodie eine sich dem Koordinatenanfangspunkt asymptotisch nähernde Spirale.

Über die Herpolhodie vergleiche: HESS, Dissertation 1880, und DE SPARRE. Dieselben fanden, daß die Herpolhodie nicht, wie POINSOT meinte, Wendepunkte hat.

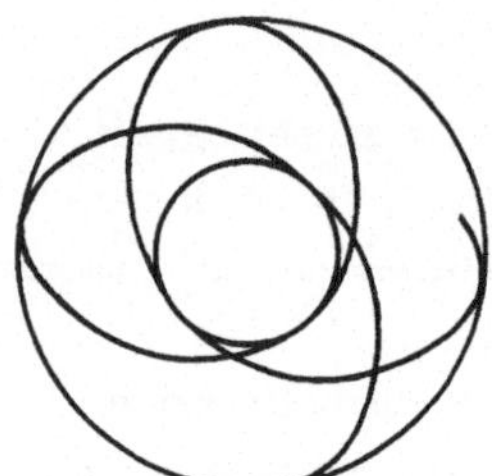 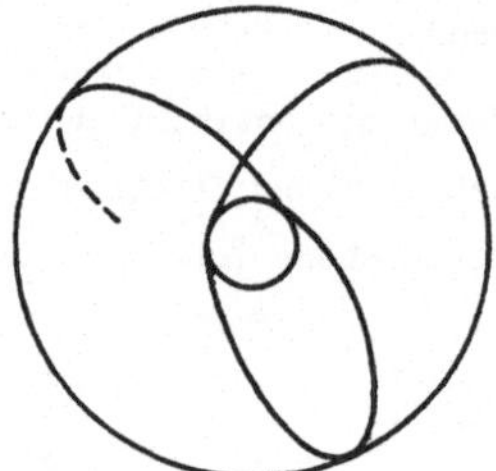 

Ist der Pol der Endpunkt der y-Achse, so ist p = 0, r = 0, q = const. Dies ist eine singuläre Lösung der Eulerschen Gleichungen. Geschieht die Drehung um die x- oder z-Achse, so hat man auch singuläre Lösungen p = const bzw. r = const, welche aber mit partikulären zusammenfallen, was bei der Drehung um die mittlere Trägheitsachse (y) nicht der Fall ist. Aus der Gestalt der Polhodien ist ersichtlich, daß letztere labil ist, während die Drehung um die größte oder kleinste Achse des Trägheitsellipsoids stabil ist.

Von den drei Achsen der freien Rotation sind also zwei stabil, eine labil.

§29. Präzessionsbewegung

(Theorie des Bohnenbergerschen und Fesselschen Apparates, fälschlich Gyroskop genannt)

Das ruhende Koordinatensystem sei wieder X, Y, Z, Z sei vertikal nach unten gerichtet; das bewegliche Koordinatensystem sei x, y, z. Ferner sei Z die Symmetrieachse des betrachteten Rotationskörpers, μ die Masse des letzteren, die Koordinaten des Schwerpunktes seien $x = 0$, $y = 0$, $z = h$. Die Komponenten der Schwerkraft im System x, y, z sind:

$$\mu g \cos(x,Z), \qquad \mu g \cos(y,Z), \qquad \mu g \cos(z,Z).$$

Aus den Formeln II folgt:

$$\cos(x,Z) = -\sin\varphi \sin\theta,$$
$$\cos(y,Z) = -\cos\varphi \sin\theta,$$
$$\cos(z,Z) = \cos\theta,$$

folglich werden die Komponenten der Schwere:

$$-\mu g \sin\varphi \sin\theta, \qquad -\mu g \cos\varphi \sin\theta, \qquad \mu g \cos\theta.$$

Der Angriffspunkt ist $x = 0$, $y = 0$, $z = h$, folglich:

$$L = \mu g h \cos\varphi \sin\theta, \qquad M = -\mu g h \sin\varphi \sin\theta, \qquad N = 0.$$

Dies sind die Drehmomente der Schwere in bezug auf die Achsen x, y, z.

Diese Werte von L, M, N sind in die Eulerschen Differentialgleichungen einzusetzen. In letzteren wird, da ein Rotationskörper betrachtet wird, $A = B$. Sie heißen also:

$$A\frac{dp}{dt} = (A - C)qr + \mu g h \cos\varphi \sin\theta,$$

$$A\frac{dq}{dt} = (C - A)rp - \mu g h \sin\varphi \sin\theta,$$

$$C\frac{dr}{dt} = 0.$$

Dazu kommen die Gleichungen (III):

$$\frac{d\varphi}{dt} = r + \cot\theta\,(p\sin\varphi + q\cos\varphi),$$

$$\frac{d\psi}{dt} = \frac{1}{\sin\theta}(p\sin\varphi + q\cos\varphi),$$

$$\frac{d\theta}{dt} = -p\cos\varphi + q\sin\varphi.$$

Jetzt lassen sich die Eulerschen Differentialgleichungen nicht mehr für sich behandeln, sondern man hat sechs Differentialgleichungen erster Ordnung für die sechs Variablen. Zunächst folgt $r = \text{const}$, d.h., die Geschwindigkeit der Rotation um die Figurenachse ist konstant; dies ist aber nur eine Komponente der absoluten Winkelgeschwindigkeit, denn die instantane Drehachse fällt nicht in die Figurenachse. Man hat zweitens das Integral der lebendigen Kraft:

$$\frac{1}{2}(Ap^2 + Bq^2 + Cr^2) = \mu gh \cos\theta + \text{const}$$

oder:

$$A(p^2 + q^2) = 2\mu gh \cos\theta + \alpha,$$

wobei α eine neue Konstante ist.

Es folgt auch aus den Eulerschen Differentialgleichungen:

$$\frac{A(p\,dp + q\,dq)}{dt} = \mu gh \sin\theta\,(p\cos\varphi - q\sin\varphi),$$

$$\frac{1}{2}A\frac{d(p^2 + q^2)}{dt} = -\mu gh \sin\theta\frac{d\theta}{dt},$$

$$\frac{1}{2}A(p^2 + q^2) = \mu gh\cos\theta + \text{const}.$$

Der Flächensatz gilt hier nur in bezug auf die Z-Achse (denn die Kraft ist immer derselben parallel). Die Komponente des impulsiven Paares in bezug auf die Z-Achse ist also konstant.

Ap, Bq, Cr waren die Komponenten des impulsiven Paares im System x, y, z, folglich ist dessen Komponente nach der Z-Achse:

$$Ap\cos(Z,x) + Bq\cos(Z,y) + Cr\cos(Z,z);$$

also ist: $-Ap\sin\theta\sin\varphi - Aq\sin\theta\cos\varphi + Cr\cos\theta = \text{const}$ oder:

$$A\sin\theta\,(p\sin\varphi + q\cos\varphi) = Cr\cos\theta + \beta.$$

(Dasselbe ergibt sich aus den Eulerschen Differentialgleichungen.)

$$p\sin\varphi + q\cos\varphi = \sin\theta\frac{d\psi}{dt}$$

$$-p\cos\varphi + q\sin\varphi = \frac{d\theta}{dt}$$

$$p^2 + q^2 = \sin^2\theta\left(\frac{d\psi}{dt}\right)^2 + \left(\frac{d\theta}{dt}\right)^2.$$

Dies werde in das Integral der lebendigen Kraft eingesetzt und

$$p\sin\varphi + q\cos\varphi = \sin\theta\frac{d\psi}{dt}$$

in den Flächensatz. Es folgt:

1. $$A\left[\sin^2\theta\left(\frac{d\psi}{dt}\right)^2 + \left(\frac{d\theta}{dt}\right)^2\right] = 2\mu gh\cos\theta + \alpha,$$

2. $$A\sin^2\theta\frac{d\theta}{dt} = Cr\cos\theta + \beta.$$

(φ hängt mit θ und ψ durch die erste der Gleichungen III zusammen.)

Man setze:

$$\cos\theta = u, \qquad \sin\theta = \sqrt{1-u^2}, \qquad \frac{d\theta}{dt} = -\frac{du}{dt\sqrt{1-u^2}},$$

und es folgt dann aus 1.:

$$\frac{(Cru+\beta)^2}{A(1-u^2)} + A\left(\frac{du}{dt}\right)^2 \frac{1}{1-u^2} = 2\mu ghu + \alpha,$$

$$dt = \frac{\pm A\,du}{\sqrt{A(2\mu ghu+\alpha)(1-u^2) - (Cru+\beta)^2}},$$

$$t = \pm A\int \frac{du}{\sqrt{A(2\mu ghu+\alpha)(1-u^2) - (Cru+\beta)^2}}.$$

t ist also ein elliptisches Integral erster Art in bezug auf u. Ferner folgt:

$$d\psi = \frac{Cru+\beta}{A(1-u^2)}\,dt,$$

$$\psi = \pm\int \frac{(Cru+\beta)\,du}{(1-u^2)\sqrt{A(2\mu ghu+\alpha)(1-u^2) - (Cru+\beta)^2}}.$$

Damit wird endlich:

$$d\varphi = \left[\frac{(Cru+\beta)u}{A(1-u^2)^2} + r\right]dt,$$

$$\varphi = \pm A\int\left[\frac{(Cru+\beta)u}{A(1-u^2)^2} + r\right]\frac{du}{\sqrt{A(\ldots)(\ldots) - (\ldots)^2}}.$$

ψ und φ sind daher elliptische Integrale dritter Art, deren Variable $u = \cos\theta$ ist.

Der Beobachtung zugänglich ist die Bewegung der Figurenachse oder die des Schwerpunktes. Es wird:

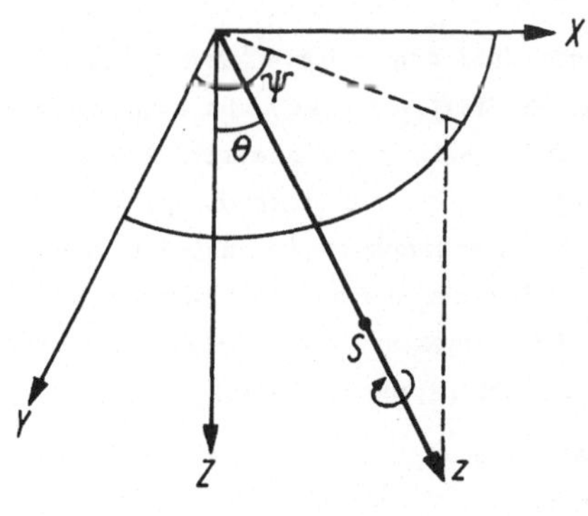

$$X = h\sin\psi\sin\theta,$$
$$Y = h\cos\psi\sin\theta,$$
$$Z = h\cos\theta$$

(dies sind die Koordinaten des Schwerpunktes im Raum, für θ und ψ sind die elliptischen Integrale einzusetzen).

ψ ist das Azimut der z-Achse, θ der Winkel zwischen ihr und der Z-Achse. Das Azimut ist von der Y,Z-Ebene an im Sinne gegen die X-Achse hin gerechnet. Der Ausdruck f(u) unter der Quadratwurzel hat folgende Eigenschaften:

$$f(-\infty) > 0, \qquad f(-1) < 0, \qquad f(u_0) \gtreqqless 0, \qquad f(1) < 0.$$

Hierbei ist u_0 der Anfangswert von u. Eine Wurzel liegt zwischen $-\infty$ und -1, eine (u") zwischen 0 und u_0, die dritte (u"') zwischen u_0 und 1.

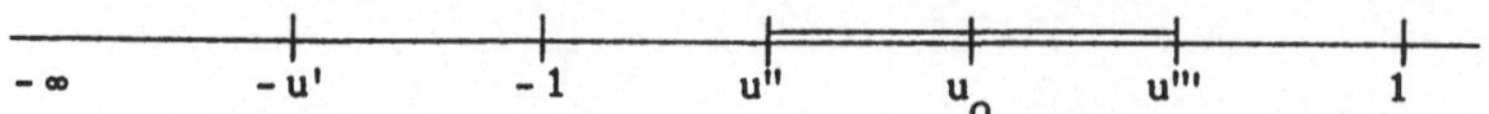

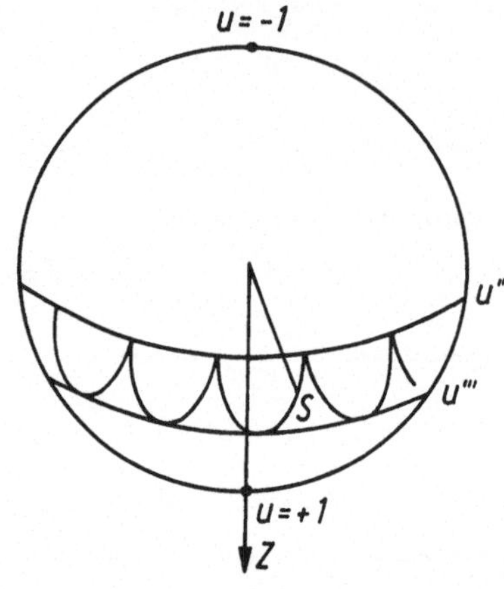

$\cos\theta$ bewegt sich zwischen den Grenzen u'' und u''', wobei $-1 < u'' \leqq u_0 \leqq u''' < 1$, denn die Wurzel muß reell sein. Man kann daher schreiben:

$$t = \sqrt{\frac{A}{2\mu gh}} \int \frac{\pm\, du}{\sqrt{(u + u')(u - u'')(u - u''')}}.$$

Die Quadratwurzel ist stets mit demjenigen Vorzeichen zu nehmen, so daß dt positiv ist. Die Bewegung von $u = \cos\theta$ verläuft periodisch zwischen den Grenzen u'' und u'''. Der Schwerpunkt bewegt sich also immer auf einer bestimmten Kugelzone. (Untersuchungen hierüber von HESS, Mathematische Annalen, Band 29.)

Es werde der spezielle Fall $p_0 = 0$, $q_0 = 0$, $r_0 = n$ betrachtet, d.h., der Figurenachse wird zur Zeit $t = 0$ keine Geschwindigkeit erteilt. Es sei auch $\varphi_0 = 0$. Dann wird:

$$\alpha = -2\mu g h u_0, \qquad \beta = -Cnu_0,$$
$$f(u) = (u - u_0)[A(1 - u^2)2\mu gh - C^2 n^2 (u - u_0)].$$

Es ist in diesem Falle $u'' = u_0$, $u''' > u_0$; u'' entspricht dem obersten Parallelkreis (kleinester Wert von $\cos\theta$); die Figurenachse hat also im Anfang der Bewegung die größte Neigung θ, welche sie überhaupt periodisch annimmt. Die Bahnkurve hat auf dem oberen Parallelkreis Spitzen und berührt den unteren. Die Projektion auf die Horizontalebene hat etwa nebenstehende Gestalt.

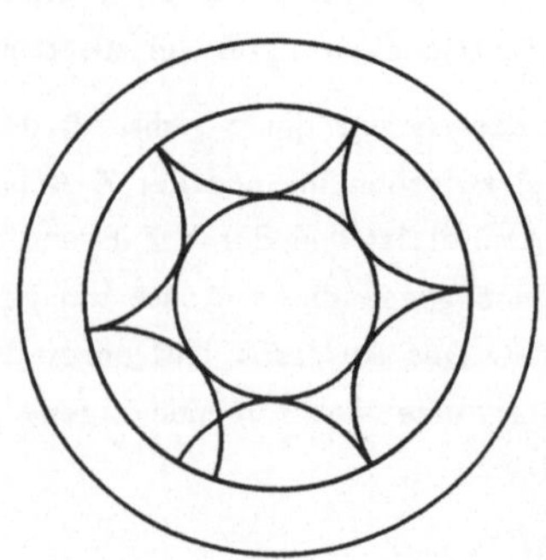

Ist die Drehung positiv, so ist n positiv. Es war nun:

$$d\psi = \frac{Cnu + \beta}{A(1 - u^2)} dt = \frac{Cn(u - u_0)}{A(1 - u^2)} dt.$$

Ist also n positiv, so ist auch $d\psi$ positiv; d.h., wenn die Drehung um die Figurenachse im positiven Sinne geschieht, so wächst auch ψ im positiven Sinne, aber nicht gleichförmig, sondern in den Spitzen wird $\frac{d\psi}{dt} = 0$.

Das Wachsen von ψ heißt Präzession. Das Oszillieren von θ darf nicht als Nutation bezeichnet werden, da die Nutation der Erdachse eine ganz davon verschiedene Erscheinung ist. Die Präzession der Nachtgleichen der Erdachse ist eine Erscheinung genau derselben Art wie die Bewegung der Figurenachse des Gyroskops. Die bewegende Ursache ist bei der Erde der Umstand, daß infolge der abgeplatteten Gestalt die eine Hälfte von der Sonne und dem Monde stärker angezogen wird als die andere. (Die Sonne sucht die Erdachse senkrecht zur Ekliptik zu stellen.)

Im Falle n = 0 ist die Bewegung des Gyroskops eine einfache Pendelbewegung, für kleine Werte von n (langsame Rotation) ist die Bahnkurve des Schwerpunktes sehr ähnlich derjenigen beim Foucaultschen Pendel. Wird n sehr groß, so nähert sich u''' dem Wert u_0, und der innere Kreis ist nur sehr wenig kleiner als der äußere. Die Bogen der Bahnkurve werden sehr klein, so daß man sie bei dem Experiment mit dem Gyroskop nicht bemerkt.

§30. Bewegung eines ganz freien Körpers

Man hat die sechs Bewegungsgleichungen:

$$\sum m \frac{d^2x}{dt^2} = \sum X, \qquad \sum m\left(y\frac{d^2z}{dt^2} - z\frac{d^2y}{dt^2}\right) = \sum (yZ - zY)$$

und je zwei analoge. Die drei ersten kann man schreiben:

$$\mu\frac{d^2\xi}{dt^2} = \sum X, \qquad \mu\frac{d^2\eta}{dt^2} = \sum Y, \qquad \mu\frac{d^2\zeta}{dt^2} = \sum Z.$$

Dies sind die Bewegungsgleichungen des Schwerpunktes, dessen Koordinaten ξ, η, ζ sind ($\mu = \sum m$). Die drei anderen Gleichungen ergeben

$$\sum m\left(y'\frac{d^2z'}{dt^2} - z'\frac{d^2y'}{dt^2}\right) = \sum (y'Z - z'Y),$$

wobei x', y', z' die relativen Koordinaten in bezug auf den Schwerpunkt sind. Der Körper dreht sich also um den Schwerpunkt, als ob dieser fest wäre. Bei einem unter der Wirkung der Schwere geschleuderten Körper bewegt sich daher der Schwerpunkt auf einer Parabel, und der Körper bewegt sich um seinen Schwerpunkt so, wie es die Poinsotsche Theorie angibt. Drehkräfte um den Schwerpunkt sind dann nicht vorhanden.

Dagegen ist ein Beispiel für die Bewegung des Gyroskops die Bewegung eines aus einem gezogenen Rohr abgeschossenen Spitzgeschosses; denn dasselbe rotiert um seine Achse, und der von unten bzw. der Seite stärker wirkende Luftwiderstand sucht die Drehachse aus ihrer Lage zu bringen. Infolge hiervon beschreibt die Drehachse sehr langsam einen kleinen Kegel um die Tangente der Flugbahn. Da dies sehr langsam geschieht, wird während der ganzen Bewegung nur ein kleiner Teil des Kegels beschrieben, und es wird daher der Schwerpunkt zunächst nach oben, dann aber nach einer

Seite hin aus seiner Parabelbahn abgelenkt (Erklärung der seitlichen Abweichung der Spitzgeschosse).

§31. Bewegung des Kreisels

Ein Kreisel ist ein Körper mit symmetrischer Massenverteilung um eine Achse (Figurenachse), welche mit der Spitze der Figurenachse auf einer Horizontalebene steht. Er hat also fünf Grade der Freiheit, so daß zehn Integrale zu finden sein werden.

Die Differentialgleichungen für die Bewegung des Schwerpunktes lauten:

$$\mu \frac{d^2\xi}{dt^2} = 0, \qquad \mu \frac{d^2\eta}{dt^2} = 0, \qquad \mu \frac{d^2\zeta}{dt^2} = Q - \mu g.$$

Aus der letzten ergibt sich der Druck der Kreiselspitze auf die Ebene:

$$Q = \mu\left(g + \frac{d^2\zeta}{dt^2}\right).$$

Die beiden ersten Differentialgleichungen geben die Integrale:

$$\xi = at + a', \qquad \eta = bt + b',$$

d.h., die Projektion des Schwerpunktes auf die Horizontalebene bewegt sich gleichförmig in gerader Linie. Es ist keine wesentliche Einschränkung, wenn man ξ und η konstant annimmt und auch $a = b = 0$, d.h. wenn man den Koordinatenanfangspunkt in die ruhende Projektion des Schwerpunktes legt; letztere liegt also auf der z-Achse. Man gebraucht nun noch sechs Differentialgleichungen; dies sind die Eulerschen und die früher mit III bezeichneten. Es werde wieder das bewegliche Koordinatensystem x, y, z eingeführt.

$$Q\cos(Z,x), \qquad Q\cos(Z,y), \qquad Q\cos(Z,z)$$

sind die Komponenten der in der Kreiselspitze angreifenden Kraft; dieselben sind:

$$-Q\sin\varphi\sin\theta, \qquad -Q\cos\varphi\sin\theta, \qquad Q\cos\theta.$$

Ferner ist:

$$L = -hQ\cos\varphi\sin\theta, \qquad M = hQ\sin\varphi\sin\theta, \qquad N = 0.$$

Also sind die Eulerschen Differentialgleichungen:

$$A\frac{dp}{dt} = (A - C)qr - Qh\cos\varphi\sin\theta,$$

$$A\frac{dq}{dt} = (C - A)rp + Qh\sin\varphi\sin\theta,$$

$$C\frac{dr}{dt} = 0.$$

Es ist $\zeta = h\cos\theta$, also:

$$Q = \mu\left[g - h\sin\theta\frac{d^2\theta}{dt^2} + h\cos\theta\left(\frac{d\theta}{dt}\right)^2\right].$$

Dieser Wert ist in die Eulersche Differentialgleichung einzusetzen. Die drei anderen Differentialgleichungen sind:

$$\frac{d\varphi}{dt} = r + \cot\theta\,(p\sin\varphi + q\cos\varphi),$$

$$\frac{d\psi}{dt} = \frac{1}{\sin\theta}(p\sin\varphi + q\cos\varphi),$$

$$\frac{d\theta}{dt} = -p\cos\varphi + q\sin\varphi.$$

Ohne weiteres folgt das Integral $r = n$, d.h., die Winkelgeschwindigkeit, mit der sich der Kreisel um die Figurenachse (die im allgemeinen nicht mit der instantanen Drehachse zusammenfällt) dreht, ist konstant.

Es gilt das Prinzip der lebendigen Kraft. Diejenige der Drehung ist:

$$\frac{1}{2}(Ap^2 + Bq^2 + Cr^2),$$

die des Schwerpunktes mit der Masse μ ist: $\frac{1}{2}\mu\left(\frac{d\zeta}{dt}\right)^2$; also ist die ganze lebendige Kraft gleich

$$\frac{1}{2}\left[Ap^2 + Bq^2 + Cr^2 + \mu\left(\frac{d\zeta}{dt}\right)^2\right].$$

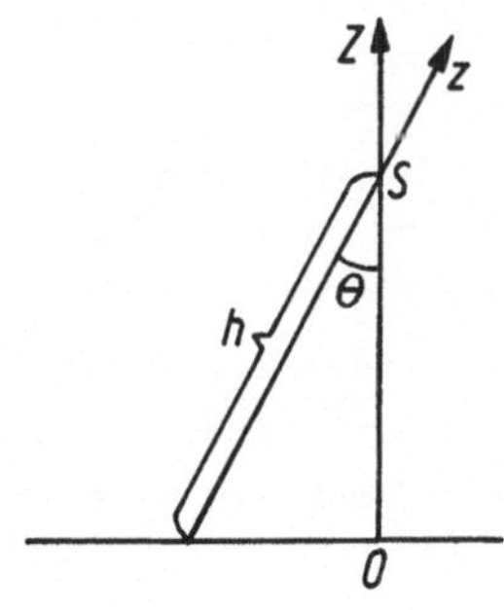

Es ist $\mu g\zeta$ die Arbeit, welche zur Hebung des Schwerpunktes von der Horizontalebene ab zu leisten ist; folglich:

$$\frac{1}{2}\left[Ap^2 + Bq^2 + Cr^2 + \mu\left(\frac{d\zeta}{dt}\right)^2\right] = \alpha' - \mu g\zeta,$$

$$A(p^2 + q^2) + h^2\mu\sin^2\theta\left(\frac{d\theta}{dt}\right)^2$$

$$= -2\mu g h\cos\theta + \alpha,$$

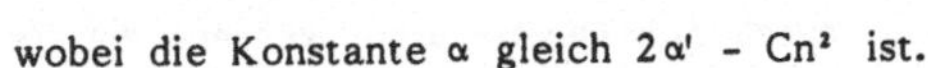

wobei die Konstante α gleich $2\alpha' - Cn^2$ ist.

Dazu kommt der Flächensatz in bezug auf die Z-Achse (da die äußeren Kräfte dieser parallel sind); derselbe lautet:

$$-Ap\sin\varphi\sin\theta - Aq\cos\varphi\sin\theta + Cn\cos\theta = -\beta$$

(d.h., die Komponente des impulsiven Paares nach der Z-Achse genommen ist konstant).

Es bleiben noch die drei Gleichungen III zu integrieren. Man nehme $p\sin\varphi + q\cos\varphi$ aus der Gleichung $\frac{d\psi}{dt} = \frac{1}{\sin\theta}(p\sin\varphi + q\cos\varphi)$ und $p^2 + q^2$ aus $\sin^2\theta\left(\frac{d\psi}{dt}\right)^2 + \left(\frac{d\theta}{dt}\right)^2 = p^2 + q^2$.

Hierdurch erhält man aus dem Satz der lebendigen Kraft und dem Flächensatz die

Gleichungen:

1. $A\left[\left(\frac{d\theta}{dt}\right)^2 + \sin^2\theta\left(\frac{d\psi}{dt}\right)^2\right] + \mu h^2 \sin^2\theta\left(\frac{d\theta}{dt}\right)^2 = -2\mu gh\cos\theta + \alpha,$

2. $A\sin^2\theta\frac{d\psi}{dt} = Cn\cos\theta + \beta.$

Diese Differentialgleichungen erster Ordnung für ψ und θ sind nun zu integrieren; φ folgt dann aus der Gleichung:

$$\frac{d\varphi}{dt} = n + \cos\theta\frac{d\psi}{dt},$$

$$\varphi = \int\left(n + \cos\theta\frac{d\psi}{dt}\right)dt.$$

Man setze $\frac{d\psi}{dt}$ aus 2. in 1. ein:

3. $A\left(\frac{d\theta}{dt}\right)^2 + \frac{(Cn\cos\theta + \beta)^2}{A\sin^2\theta} + \mu h^2\sin^2\theta\left(\frac{d\theta}{dt}\right)^2 = -2\mu gh\cos\theta + \alpha.$

Dann ist:

$$\frac{d\psi}{dt} = \frac{Cn\cos\theta + \beta}{A\sin^2\theta},$$

$$\psi = \int\frac{Cn\cos\theta + \beta}{A\sin^2\theta}dt,$$

sobald θ als Funktion der Zeit aus 3. berechnet ist. Die Differentialgleichung für θ läßt sich auch durch Quadratur erledigen. Man setze $\cos\theta = u$, dann folgt aus 3., da $d\theta = \frac{-du}{\sqrt{1-u^2}}$ ist, die Gleichung

$$\frac{A + \mu h^2(1-u^2)}{1-u^2}\left(\frac{du}{dt}\right)^2 = -2\mu ghu - \frac{(Cnu+\beta)^2}{A(1-u^2)} + \alpha,$$

$$dt = \pm du\sqrt{\frac{A[A + \mu h^2(1-u^2)]}{A(1-u^2)(\alpha - 2\mu ghu) - (Cnu+\beta)^2}},$$

$$t = \pm\int du\sqrt{\frac{A[A + \mu h^2(1-u^2)]}{A(1-u^2)(\alpha - 2\mu ghu) - (Cnu+\beta)^2}}.$$

Die oben angegebenen weiteren Quadraturen liefern ψ und φ; das Problem erledigt sich also durch drei Quadraturen, während der Fall der freien Rotation und des Gyroskops sich durch je zwei Quadraturen erledigen. Dort waren die Integrale elliptische, während im vorliegenden Problem hyperelliptische auftreten, denn in der Quadratwurzel für dt ist der Zähler vom zweiten, der Nenner vom dritten Grad; dies entspricht dem fünften Grad.

Diskussion

Es sei $p_0 = 0$, $q_0 = 0$, das heißt zur Zeit t_0 die Figurenachse festgehalten; u_0 sei gleich $\cos\theta_0$. Dann folgt:

$$\left.\frac{d\theta}{dt}\right|_{t=0} = \left.\frac{d\psi}{dt}\right|_{t=0} = 0, \qquad \alpha = 2\mu ghu_0, \qquad \beta = -Cnu_0,$$

$$t = \pm\int du\sqrt{\frac{A[A + \mu h^2(1-u^2)]}{(u-u_0)[2\mu ghA(u^2-1) - C^2n^2(u-u_0)]}},$$

$$\psi = \int du \frac{Cn(u - u_o)}{A(1 - u^2)} \cdot \sqrt{\frac{A[\ldots]}{(\ldots)[\ldots]}} \;.$$

Für $u = u_o$ ist der zweite Faktor im Nenner negativ, der Zähler positiv, folglich muß u abnehmen, da t reell sein muß. "Der Wert von θ nimmt von $\theta = \theta_o$ an zu, die Figurenachse neigt sich also zunächst stärker. Wegen $\left.\frac{d\psi}{dt}\right|_{t=0} = 0$ bewegt sich der Kreisel im ersten Augenblick so, als ob er umfallen wollte."

Um das Intervall zu finden, in welchem sich u bewegt, muß man die Verzweigungspunkte des Integrals aufsuchen.

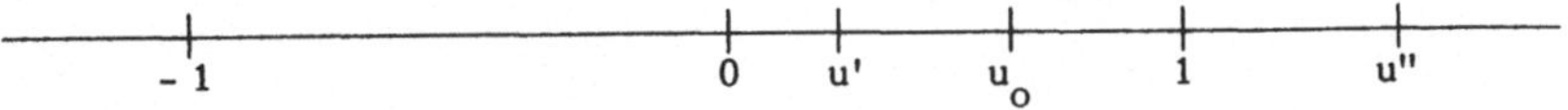

Man kann den Nenner schreiben als:

$$(u_o - u)\, 2\mu ghA(u - u')(u'' - u)\,.$$

Da $u'' > 1$ ist, muß u im Intervall von u_o bis u' oszillieren, wobei u' die zwischen - 1 und u_o liegende Wurzel der quadratischen Gleichung

$$2\mu ghA(u^2 - 1) - C^2 n^2 (u - u_o) = 0$$

ist.

Ist n eine positive Drehung, so ist, da $u < u_o$, $\frac{d\psi}{dt}$ immer negativ, nur wenn $u = u_o$ wird, ist ψ einen Augenblick konstant.

Die Kreiselspitze hat die Koordinaten $x = 0$, $y = 0$, $z = -h$, und im System X, Y, Z:

$$X = -h\cos(X,z), \qquad Y = -h\cos(Y,z), \qquad Z = 0.$$

Mit Benutzung der Gleichung II. (§26) folgt:

$$X = -h\sin\psi\sin\theta, \qquad Y = -h\cos\psi\sin\theta,$$

$$\sqrt{X^2 + Y^2} = h\sin\theta = h\sqrt{1 - u^2}\,.$$

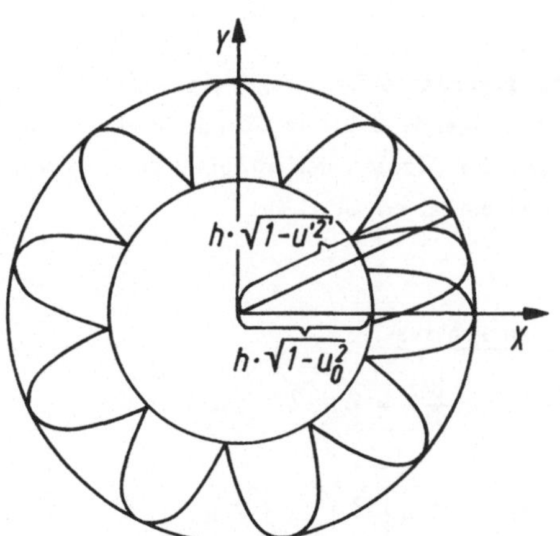

Die Kreiselspitze bewegt sich daher immer zwischen zwei konzentrischen Kreisen von den Radien:

$$h\sqrt{1 - u_o^2} \qquad \text{und} \qquad h\sqrt{1 - u'^2}.$$

ψ und $\sqrt{X^2 + Y^2}$ sind die Polarkoordinaten der Bahnkurve. Wegen $\frac{d\psi}{dt} = 0$ für $u = u_o$ steht die Kurve mit Spitzen auf der inneren Kurve auf. Der Schwerpunkt schwankt natürlich entsprechend auf und ab, und die lebendige Kraft ist ein Maximum bei dessen tiefsten Lagen.

Bei kleiner Winkelgeschwindigkeit sind die einzelnen Bögen sehr klein und u nahezu 0. Bei großer Winkelgeschwindigkeit nähert sich u sehr dem Wert u_0, und die Bögen werden gestreckter, so daß die Bahn der Kreiselspitze fast ein Kreis wird.

II.d. Momentankräfte

§32. Allgemeines

Eine Momentankraft wird gemessen an dem Zuwachs der Quantität der Bewegung:

$$Q = m(v - v_0).$$

Man muß, mit Rücksicht auf die in der Natur vorkommenden Kräfte, die Definition aufstellen: "Momentankräfte sind solche, welche mit außerordentlicher Stärke während außerordentlich kurzer Zeit wirken."

Es sei P eine solche Kraft, $\overline{P}$ eine nichtaußerordentlich starke, und τ die kurze Dauer der Wirkung von P. Dann ist:

$$\int_0^\tau m \frac{d^2x}{dt^2}\, dt = \int_0^\tau P\, dt + \int_0^\tau \overline{P}\, dt$$

oder:

$$m(v - v_0) = \int_0^\tau P\, dt\,,$$

da das zweite Integral außerordentlich klein ist. Es ist also in der obigen Gleichung

$$Q = \int_0^\tau P\, dt$$

zu setzen, d.h., die Momentankraft Q ist das sogenannte Zeitintegral, genommen über P, wobei P die auaßerordentlich starke beschleunigende Kraft ist. Da P überhaupt nur während der Zeit τ merklich ist, so kann man die Grenzen des Integrals beliebig wählen, wenn nur jedes Intervall τ mit dazwischen enthalten ist.

§33. Anwendung auf die Bewegung eines freien Punktes

$$m\frac{d^2x}{dt^2} = X + \overline{X}, \qquad m\frac{d^2y}{dt^2} = Y + \overline{Y}, \qquad m\frac{d^2z}{dt^2} = Z + \overline{Z}.$$

Daraus folgt:

$$m\left[\frac{dx}{dt}\right]_0^\tau = \int_0^\tau X\, dt\,, \qquad m\left[\frac{dy}{dt}\right]_0^\tau = \int_0^\tau Y\, dt\,, \qquad m\left[\frac{dz}{dt}\right]_0^\tau = \int_0^\tau Z\, dt\,.$$

Die rechtsstehenden Zeitintegrale werden bezeichnet als die Komponenten der Momentankraft Q_x, Q_y, Q_z. Also ist:

$$Q_x = m\left(\frac{dx}{dt} - \left.\frac{dx}{dt}\right|_{t=0}\right), \qquad Q_y = m\left(\frac{dy}{dt} - \left.\frac{dy}{dt}\right|_{t=0}\right), \qquad Q_z = m\left(\frac{dz}{dt} - \left.\frac{dz}{dt}\right|_{t=0}\right),$$

wobei $\frac{dx}{dt}, \frac{dy}{dt}, \frac{dz}{dt}$ die nach der Wirkung der Momentankraft, $\left.\frac{dx}{dt}\right|_{t=0}$ etc. die vorhandenen Geschwindigkeiten sind.

§34. Anwendung auf Systeme

Es ist:

$$\mu\frac{d^2\xi}{dt^2} = \sum X, \qquad \mu\frac{d^2\eta}{dt^2} = \sum Y, \qquad \mu\frac{d^2\zeta}{dt^2} = \sum Z,$$

$$\frac{d}{dt}\sum m(y\frac{dz}{dt} - z\frac{dy}{dt}) = \sum(yZ - zY)$$

und zwei weitere analoge Gleichungen, wenn ξ, η, ζ die Koordinaten des Schwerpunktes sind.

Es sollen nun wieder X, Y, Z außerordentlich starke Kräfte bezeichnen, es ist also hinzuzufügen:

$$\sum \overline{X}, \qquad \sum \overline{Y}, \qquad \sum \overline{Z}, \qquad \sum(y\overline{Z} - z\overline{Y}), \qquad \text{etc.}$$

Es folgt wieder:

$$\mu\left(\frac{d\xi}{dt} - \left.\frac{d\xi}{dt}\right|_{t=0}\right) = \Delta\left(\mu\frac{d\xi}{dt}\right) = \sum Q_x,$$

$$\Delta\left(\mu\frac{d\eta}{dt}\right) = \sum Q_y,$$

$$\Delta\left(\mu\frac{d\zeta}{dt}\right) = \sum Q_z.$$

Der Schwerpunkt des Systems gewinnt also in Folge der Momentankräfte eine solche Geschwindigkeitsänderung, wie wenn in ihm die ganze Masse μ des Systems konzentriert wäre und die sämtlichen Momentankräfte in ihn verlegt wären.

Ferner ergibt sich:

$$\Delta\sum m(y\frac{dz}{dt} - z\frac{dy}{dt}) = \sum(yQ_z - zQ_y) = \sum Q_l,$$

$$\Delta\sum m(z\frac{dx}{dt} - x\frac{dz}{dt}) = \sum Q_m,$$

$$\Delta\sum m(x\frac{dy}{dt} - y\frac{dx}{dt}) = \sum Q_n.$$

Die Zunahmen der Komponenten, welche die Quantität der Rotationsbewegung des Systems in bezug auf die drei Koordinatenachsen besitzt, sind gleich der Summe der Drehmomente der Momentankräfte in bezug auf die drei Achsen.

§35. Anwendung auf starre Körper

Bedeuten Q_x, Q_y, Q_z, Q_l, Q_m, Q_n die Komponenten und Drehmomente eines Systems von auf den starren Körper wirkenden Momentankräften, so gelten für die Bewegung des Körpers die Gleichungen:

$$\Delta(\mu\frac{d\xi}{dt}) = Q_x, \qquad \Delta\sum m(y\frac{dz}{dt} - z\frac{dy}{dt}) = Q_l,$$
$$\Delta(\mu\frac{d\eta}{dt}) = Q_y, \qquad \Delta\sum m(z\frac{dx}{dt} - x\frac{dz}{dt}) = Q_m,$$
$$\Delta(\mu\frac{d\zeta}{dt}) = Q_z, \qquad \Delta\sum m(x\frac{dy}{dt} - y\frac{dx}{dt}) = Q_n.$$

Das Koordinatensystem sei das Hauptträgheitsachsensystem. Dann ist:

$$u = \frac{d\xi}{dt}, \qquad v = \frac{d\eta}{dt}, \qquad w = \frac{d\zeta}{dt},$$
$$\mu\Delta u = Q_x, \qquad \mu\Delta v = Q_y, \qquad \mu\Delta w = Q_z,$$
$$A\Delta p = Q_l, \qquad B\Delta q = Q_m, \qquad C\Delta r = Q_n.$$

In bezug auf das vom Schwerpunkt ausgehende Hauptträgheitsachsensystem gelten die vorstehenden Gleichungen für die Zunahme der Schwerpunktgeschwindigkeit und der instantanen Drehgeschwindigkeiten p, q, r.

Ein Körper sei um eine feste Achse drehbar, und es sollen Momentankräfte auf ihn wirken. Es soll berechnet werden, welche Stöße die Lager der Achse erleiden. Die Achse sei die z-Achse und liege horizontal. Die Punkte 0 und $z = h$ seien die festen Endpunkte. In diesen Punkten müssen die Widerlager Momentankräfte ausüben, welche den auf sie wirkenden entgegengesetzt gleich sind; dieselben seien X_0, Y_0, Z_0, X_h, Y_h, Z_h.

Die Drehmomente dieser Kräfte sind:

$$-hY_h, \quad hX_h, \quad 0,$$
$$0, \quad 0, \quad 0.$$

Man kann den Körper als völlig frei betrachten, und die auf ihn wirkenden Kräfte seien:

$$Q_x + X_h + X_0,$$
$$Q_y + Y_h + Y_0,$$
$$Q_z + Z_h + Z_0$$

und die Drehmomente:

$$Q_l + 0 - hY_h,$$
$$Q_m + hX_h,$$
$$Q_n.$$

Folglich ist:

$$\mu\Delta\frac{d\xi}{dt} = Q_x + X_h + X_0,$$
$$\mu\Delta\frac{d\eta}{dt} = Q_y + Y_h + Y_0,$$
$$\mu\Delta\frac{d\zeta}{dt} = Q_z + Z_h + Z_0,$$
$$\Delta\sum m\left(y\frac{dz}{dt} - z\frac{dy}{dt}\right) = Q_l - hY_h,$$
$$\Delta\sum m\left(z\frac{dx}{dt} - x\frac{dz}{dt}\right) = Q_m + hX_h,$$
$$\Delta\sum m\left(x\frac{dy}{dt} - y\frac{dx}{dt}\right) = Q_n.$$

Aus der fünften Gleichung folgt, da der Körper um die z-Achse drehbar ist:

$$hX_h = \Delta\sum mz\frac{dx}{dt} - Q_m.$$

Aus der vierten folgt:

$$hY_h = Q_l + \sum mz\frac{dy}{dt}.$$

Aus den beiden ersten folgen X_0, Y_0, aus der dritten $Z_0 + Z_h$, während Z_0 und Z_h selbst unbekannt bleiben, die sechste Gleichung bestimmt die Bewegung des Körpers.

Die Drehung um die z-Achse werde durch den Winkel θ gemessen, also:

$$x = r\cos\theta, \qquad y = r\sin\theta,$$
$$\frac{dx}{dt} = -r\sin\theta\frac{d\theta}{dt} = -y\frac{d\theta}{dt},$$
$$\frac{dy}{dt} = r\cos\theta\frac{d\theta}{dt} = x\frac{d\theta}{dt}, \qquad \frac{dz}{dt} = 0,$$
$$\frac{d\xi}{dt} = \eta\frac{d\theta}{dt}, \qquad \frac{d\eta}{dt} = 0,$$

wenn $\xi = 0$ ist (Schwerpunkt auf der y-Achse). Dann heißen die Gleichungen:

$$-\mu\eta\theta' = Q_x + X_0 + X_h,$$
$$0 = Q_y + Y_0 + Y_h,$$
$$0 = Q_z + Z_0 + Z_h,$$

wobei angenommen wurde, daß der Körper vor dem Stoß ruhte, also $\theta' = 0$ ist.

$$-\sum mxz\theta' = Q_l - hY_h,$$
$$-\sum myz\theta' = Q_m + hX_h,$$
$$-\sum m(x^2 + y^2)\theta' = Q_n.$$

Die durch die Momentankräfte erzeugte Winkelgeschwindigkeit ist gleich dem Drehmoment Q_n dividiert durch das Trägheitsmoment in bezug auf die Drehachse. Es wirke eine Momentankraft Q parallel der x-Achse auf einen Punkt der y-Achse. Dann ist: $Q_x = Q$, $Q_y = Q_z = 0$, $Q_l = Q_m = 0$, $Q_n = -Qb$, wobei b der Hebelarm, an welchem der Stoß wirkt, ist. Die Gleichungen sind dann:

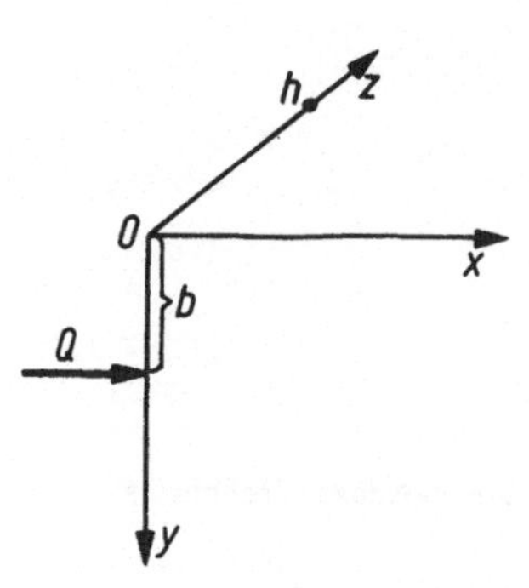

$$-\mu\eta\theta' = Q + X_0 + X_h,$$
$$0 = Y_0 + Y_h,$$
$$0 = Z_0 + Z_h,$$
$$\sum mxz\theta' = hY_h,$$
$$\sum mzy\theta' = hX_h,$$
$$\sum m(x^2 + y^2)\theta' = -Qb.$$

Aus der letzten folgt:

$$\theta' = -\frac{bQ}{\sum m(x^2 + y^2)} = -\frac{bQ}{T},$$

d.h., die erzeugte Winkelgeschwindigkeit ist gleich dem Drehmoment der Momentankraft dividiert durch das Trägheitsmoment in bezug auf die Drehachse.

Es soll untersucht werden, wann die Achse keinen Stoß erleidet, d.h. wann $X_0 = X_h = Y_0 = Y_h = Z_0 = Z_h = 0$ ist.

Es muß $\sum mxz = 0$ und $\sum myz = 0$ sein, und:

$$Q = -\mu\eta\theta', \qquad \eta b = \frac{T}{\mu}.$$

Dies bedeutet: Die Drehachse muß eine Hauptträgheitsachse sein. Damit also die Drehachse keinen Stoß erleidet, muß sie erstens eine Hauptträgheitsachse sein für denjenigen Punkt 0, der in der Normalebene zur Drehachse liegt, in welcher die zur Drehachse senkrechte stoßende Kraft wirkt, und muß zweitens die Richtung der Momentankraft die Schwingungsachse des physischen Pendels treffen. (Denn diese hat von der Drehachse den Abstand $\frac{T}{\mu\eta}$.)

Stoß zweier Kugeln, die sich auf derselben Geraden bewegen

Wegen der Gleichheit von Wirkung und Gegenwirkung ist:

$$Q + Q' = 0,$$

wenn Q und Q' die auf die beiden Kugeln beim Stoß wirkenden Momentankräfte sind. Es ist nun:

$$Q = m(v - v_0), \qquad Q' = m'(v' - v_0'),$$

folglich:

$$m(v - v_0) + m'(v' - v_0') = 0, \qquad mv + m'v' = mv_0 + m'v_0'.$$

"Die gesamte Quantität der Bewegung ist beim Stoß unverändert geblieben."

Durch diese Gleichungen sind v und v' noch nicht bestimmt. Man unterscheidet auf

Grund von Experimenten nun zwei extreme Fälle:

1. Beide Kugeln sind unelastisch; dann ist $v = v'$.
2. Beide Kugeln sind vollkommen elastisch; dann ist die lebendige Kraft konstant.

1. $$v = v' = \frac{mv_o + m'v'_o}{m + m'};$$

der Verlust an lebendiger Kraft ist:

$$m\frac{v_o^2}{2} + m'\frac{v'^2_o}{2} - (m + m')\frac{v^2}{2}$$

$$= m\frac{v_o^2}{2} + m'\frac{v'^2_o}{2} - \frac{(mv_o + m'v'_o)^2}{2(m + m')} = \frac{mm'}{2(m + m')}(v_o - v'_o)^2 .$$

2. Beim elastischen Stoß ist:

$$mv + m'v' = mv_o + m'v'_o ,$$
$$mv^2 + m'v'^2 = mv_o^2 + m'v'^2_o ,$$
$$m(v - v_o) = - m'(v' - v'_o),$$
$$m(v^2 - v_o^2) = - m'(v'^2 - v'^2_o),$$
$$v + v_o = v' + v'_o ,$$

welche Gleichung dann mit

$$m(v - v_o) = - m'(v' - v'_o)$$

zu verbinden ist. Für $m = - m$ folgt $v = v'_o$, $v' = v_o$, d.h., die Kugeln vertauschen ihre Geschwindigkeiten.

Anwendung der Formeln für das Perkussionszentrum

Der Stoß, welchen ein fallender Hammer ausübt, ist:

$$Q = \theta'\frac{T}{b}.$$

Damit die Achse keinen Stoß erleidet, muß:

$$b\eta = \frac{T}{\mu}$$

sein.

Ein anderer Apparat dieser Art ist das ballistische Pendel. Der Stoß Q ist gleich mv (Bewegungsquantität der Kugel). θ' kann man an dem Ausschlagswinkel messen; θ' ist wieder gleich $\frac{bQ}{T}$ (T ist das Trägheitsmoment des die Kugel enthaltenden Pendels). Ferner muß wieder zum Zwecke der Dauerhaftigkeit

$$b = \frac{T}{\mu\eta}$$

sein.

II.e. Reibung

§36. Allgemeines

Es soll nun die gleitende Reibung berücksichtigt werden. Ist μg die Kraft, welche nötig ist, um den Körper aus der Ruhe in Bewegung zu versetzen, und g dessen Druck auf die Unterlage, so ist μ der Koeffizient der statischen Reibung. Der Koeffizient μ' der dynamischen Reibung, welche bei der Bewegung $\mu' g$ sein soll, ist kleiner als μ. Die Reibungskraft $\mu' g$ ist von der Geschwindigkeit unabhängig, aber immer der Bewegung entgegengesetzt.

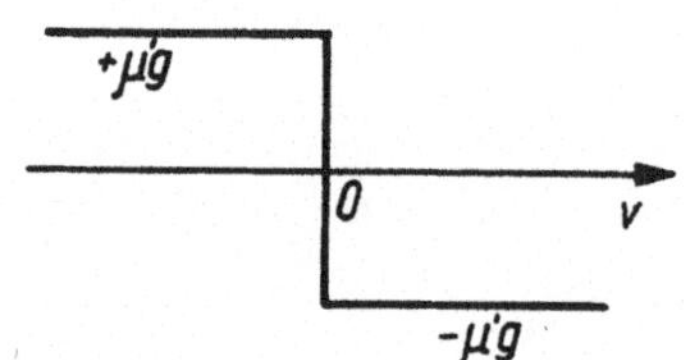

Daher ist die Kurve, welche die Reibungskraft als Funktion der Geschwindigkeit darstellt, unstetig.

§37. Beispiel: Bewegung einer auf einer Ebene in die Richtung der x-Achse mit der Geschwindigkeit u_0 geschleuderten Kugel

Die Masse der Kugel sei 1; q_0 sei die anfängliche Drehgeschwindigkeit der Kugel um die y-Achse, R der Radius; dann ist $u_0 - q_0 R$ die fortschreitende Geschwindigkeit des Berührungspunktes der Kugel.

I. Ist $u_0 - q_0 R = 0$, so ruht der Auflagepunkt, d.h., die Kugel rollt ohne zu gleiten, und es ist, wenn man von der rollenden Reibung absieht:

$$\frac{du}{dt} = 0, \quad \frac{dq}{dt} = 0, \quad u = u_0, \quad q = q_0.$$

II. Ist $u_0 - q_0 R > 0$, so wird u verlangsamt und q beschleunigt. Ist $u_0 - q_0 R < 0$, so wird u vergrößert und q verkleinert. Es gilt:

$$\frac{du}{dt} = \mp \mu' g, \qquad T\frac{dq}{dt} = \pm \mu' g R$$

(wobei sich die Vorzeichen nach den Vorzeichen von $u_0 - q_0 R$ richten und $T = \frac{2}{5}R^2$ ist).

Diese Differentialgleichungen gelten nur bis zu dem Zeitpunkt, in welchem $u - qR = 0$ geworden ist. Von diesem Zeitpunkt ab tritt gleichförmiges Rollen der Kugel ein.

Die zweite Differentialgleichung kann man schreiben:

$$\frac{2}{5} R \frac{dq}{dt} = \pm \mu' g .$$

Es folgt:

$$u = \mp \mu' g t + u_o ,$$

$$q = \pm \mu' g \frac{5}{2R} t + q_o .$$

Die Abszisse des Berührungspunktes ist:

$$x = \mp \mu' g \frac{t^2}{2} + u_o t .$$

Die Bewegung des Kugelmittelpunktes ist also in der ersten Periode eine gleichförmig verzögerte oder beschleunigte, je nachdem ob $u_o - q_o R$ positiv oder negativ ist. Es ist:

$$u - qR = \mp \frac{7}{2} \mu' g t + u_o - q_o R .$$

Es wird also $u - qR = 0$ zur Zeit:

$$t = \pm \frac{2(u_o - q_o R)}{7 \mu' g} .$$

Diese Zeit ist also wirklich immer positiv, d.h., in beiden Fällen tritt nach Ablauf dieser Zeit das gleichförmige Rollen dieser Kugel ein. Es ist dann:

$$u = u_o \mp \frac{2}{7}(u_o - q_o R) = \frac{1}{7}(5u_o + 2q_o R) .$$

Dies ist die Endgeschwindigkeit, die für negatives q_o auch negativ werden kann.

§38. Bewegung einer Kugel auf einer Ebene

Die Anfangslage des Mittelpunktes sei $x = 0$, $y = 0$; die Anfangsgeschwindigkeiten u_o, v_o, die anfänglichen Winkelgeschwindigkeiten bezüglich der Koordinatenachsen seien p_o, q_o, r_o. Die ursprünglichen Geschwindigkeiten des Berührungspunktes sind:

$$\xi_o = u_o - q_o R , \qquad \eta_o = v_o + p_o R .$$

Es findet überhaupt nur Gleiten statt, wenn ξ_o, η_o nicht beide gleich Null sind.

I. Ist $\xi_o = \eta_o = 0$, so gilt $u = u_o$, $v = v_o$, $p = p_o$, $q = q_o$. Es ist dann $p_o v_o + q_o u_o = 0$, d.h., die Fortschreitungsrichtung steht senkrecht auf der Drehachse, um welche das Rollen stattfindet. (Außerdem kann aber eine Drehung um die z-Achse vorhanden sein, und zwar eine ganz beliebige.) Die instantane Drehachse bleibt natürlich zu sich selbst parallel und die Winkelgeschwindigkeit um dieselbe konstant.

II. Ist

$$(u_o - q_oR)^2 + (v_o + p_oR)^2 > 0,$$

so findet zunächst eine nichtstationäre Bewegung statt. Die vorstehende Quadratsumme werde mit Δ bezeichnet.

X, Y seien die Komponenten der reibenden Kraft. Die Drehmomente derselben um die durch den Kugelmittelpunkt gezogenen Parallelen zur x- und y-Achse sind dann RY und -RX. Dann ist (die Masse gleich 1 gesetzt):

$$\frac{du}{dt} = X, \quad \frac{dv}{dt} = Y,$$

$$\frac{2}{5}R^2\frac{dp}{dt} = RY, \quad \frac{2}{5}R^2\frac{dq}{dt} = -RX.$$

Die Reibungskraft $\sqrt{X^2 + Y^2}$ ist gleich $\mu'g$, und ihre Richtung ist der des Gleitens entgegengesetzt. Die Komponenten des Gleitens sind $u - qR$ und $v + pR$, folglich:

$$X : Y = (u - qR) : (v + pR),$$

$$X = -\mu'g\frac{u - qR}{\sqrt{\Delta}}, \qquad Y = -\mu'g\frac{v + pR}{\sqrt{\Delta}}$$

Weiter ist:

$$\frac{dr}{dt} = 0, \qquad r = \text{const},$$

daher braucht man die Drehung um die z-Achse nicht zu berücksichtigen. Durch die Elimination von X bzw. Y erhält man:

$$\frac{d}{dt}(u + \frac{2}{5}qR) = 0, \quad \frac{d}{dt}(v - \frac{2}{5}pR) = 0.$$

Folglich:

$$u + \frac{2}{5}qR = u_o + \frac{2}{5}q_oR,$$

$$v - \frac{2}{5}pR = v_o - \frac{2}{5}p_oR.$$

Hierdurch sind q und p durch u und v ausgedrückt. Ferner wird:

$$du : dv = X : Y = (u - qR) : (v + pR),$$

$$du : dv = (u - a) : (v - b),$$

$$a = \frac{1}{7}(5u_o + 2q_oR), \qquad b = \frac{1}{7}(5u_o - 2q_oR),$$

$$\frac{du}{u - a} = \frac{dv}{v - b},$$

$$\log(u - a) = \log(v - b) + \log\text{const}.$$

Folglich: $\frac{u - a}{v - b} = k$, oder, da $\frac{u - a}{v - b} = \frac{du}{dv} = \frac{u - qR}{v + pR}$ ist,

$$\frac{u - qR}{v + pR} = k = \frac{u_o - q_oR}{v_o + p_oR}.$$

Daher wird:

$$\frac{u - qR}{\sqrt{\Delta}} = \frac{u_o - q_o R}{\sqrt{\Delta_o}}, \qquad \frac{v + pR}{\sqrt{\Delta}} = \frac{v_o + p_o R}{\sqrt{\Delta_o}},$$

$$X = -\mu' g \frac{u_o - q_o R}{\sqrt{\Delta_o}}, \qquad Y = -\mu' g \frac{v_o + p_o R}{\sqrt{\Delta_o}},$$

d.h., die Komponenten der Reibung sind konstant. Die Reibung wirkt demnach wie eine konstante Kraft von konstanter Richtung.

$$\frac{du}{dt} = X_0, \qquad \frac{dv}{dt} = Y_0,$$

$$u = u_o + X_0 t, \qquad v = Y_0 t + v_o,$$

$$X = Y_0 \frac{t^2}{2} + u_o t + X_0, \qquad Y = Y_0 \frac{t^2}{2} + v_o t + Y_0.$$

Danach bewegt sich der Kugelmittelpunkt auf einer Parabel. Es war:

$$\frac{u - qR}{v + pR} = \frac{u - a}{v - b};$$

das Gleiten hört auf, wenn die Komponenten $u - qR$ und $v + pR$ gleich Null werden; dann müssen auch $u - a$ und $v - b$ gleich Null werden. Sobald also $u = a$ und $v = b$ geworden ist, hört das Gleiten auf, und es findet gleichförmiges Rollen mit den Geschwindigkeiten a und b statt. Die Zeit, bis dieser Zustand eintritt, ist nun:

$$t = \frac{2\sqrt{\Delta_o}}{7\mu' g}.$$

Dies ist also die Dauer der nichtstationären Bewegung. Die Koordinaten $\bar{x}$, $\bar{y}$ des Parabelstücks sind:

$$\bar{x} = \frac{u_o^2 - a^2}{2} \cdot \frac{\sqrt{\Delta_o}}{\mu' g(u_o - q_o R)},$$

$$\bar{y} = \frac{v_o^2 - b^2}{2} \cdot \frac{\sqrt{\Delta_o}}{\mu' g(v_o + p_o R)}.$$

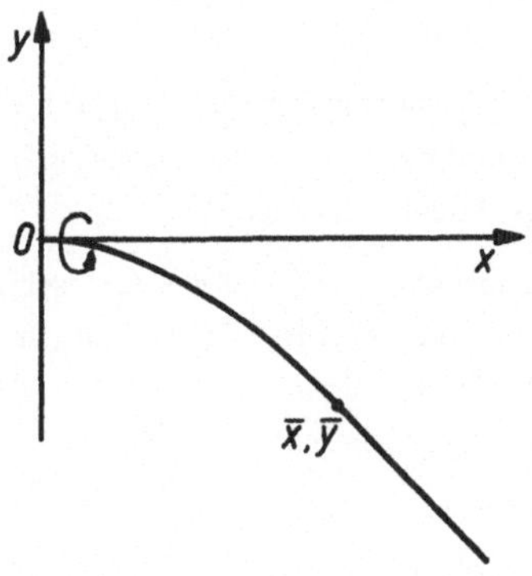

Von diesem Punkt aus geschieht die Bewegung auf einer Geraden:

$$x = \bar{x} + a(t - t_o),$$
$$y = \bar{y} + b(t - t_o).$$

Die Gerade ist die Tangente der Parabel im Endpunkt $\bar{x}$, $\bar{y}$. Die Anfangsgeschwindigkeit und Drehung sei der Kugel durch einen Stoß mitgeteilt; derselbe habe die Größe Q, erfolge in der zx-Ebene unter dem Winkel $-\alpha$ gegen die x-Achse. Dann sind seine Komponenten:

$$X = Q\cos\alpha, \qquad Y = 0,$$

$Z = -Q\sin\alpha.$

$-x_0$, $-y_0$, $-R$ seien die Koordinaten des Kugelmittelpunktes. Die Drehmomente sind:

$$L = y_0\sin\alpha Q\,, \qquad M = -(R\cos\alpha + x_0\sin\alpha)Q\,, \qquad N = y_0\cos\alpha Q\,,$$

bezogen auf ein durch den Kugelmittelpunkt gelegtes, dem alten paralleles Koordinatensystem. F_x, F_y seien die Komponenten der instantanen Reibung beim Aufdrücken der Kugel auf die Unterlage beim Stoß; ν die instantane Reaktion. Dann ist:

1. $u_0 = Q\cos\alpha - F_x$,
2. $v_0 = -F_y$,
3. $w_0 = -Q\sin\alpha + \nu$.

Natürlich wird wegen $w_0 = 0$: $\nu = Q\sin\alpha$. Hinzu kommen die Gleichungen:

4. $\frac{2}{5}R^2 p_0 = y_0\sin\alpha Q - RF_y$,
5. $\frac{2}{5}R^2 q_0 = -(x_0\sin\alpha + R\cos\alpha)Q + RF_x$,
6. $\frac{2}{5}R^2 r_0 = y_0\cos\alpha Q$.

F_x und F_y würden nach der Elastizitätstheorie zu bestimmen sein. Man eliminiert F_x und F_y, indem man in

$$a = \frac{1}{7}(5u_0 + 2q_0R)\,, \qquad b = \frac{1}{7}(5u_0 - 2p_0R)$$

die Werte von u_0, v_0, p_0, q_0 einsetzt; es ergibt sich:

$$a = -\frac{5\sin\alpha Q}{7R}x_0\,, \qquad b = -\frac{5\sin\alpha Q}{7R}y_0\,.$$

Die Endgeschwindigkeiten sind also von den Komponenten der instantanen Reibung unabhängig.

Der Koordinatenanfangspunkt ist der Zielpunkt, die Parallele zur y-Achse durch den Auflagepunkt die Querachse des Stoßes und senkrecht zu demselben.

$$\frac{5\sin\alpha Q}{7R}$$

ist positiv; $-x_0$, $-y_0$ sind also proportional zu den Komponenten der Endgeschwindigkeiten. Die schließliche Bewegung hat also die Richtung, welche vom ursprünglichen Auflagepunkt x_0, y_0 der Kugel zum Zielpunkt des Stoßes hingeht.

Ist x_0 positiv, d.h., liegt der Zielpunkt vor der Querachse, so ist die Kugel schließlich rückläufig. Liegt der Zielpunkt jenseits der Querachse, wird sie schließlich rechtläufig. (Theorie des Billardspiels von CORIOLIS.)

II.f. D'Alembertsches Prinzip

§39. Motivation und Anwendungen

Das Prinzip der virtuellen Geschwindigkeit lautet: Es herrscht an einem System Gleichgewicht, wenn

$$\sum (X_i \delta x_i + Y_i \delta y_i + Z_i \delta z_i) = 0$$

ist, wobei δx_i, δy_i, δz_i mögliche Variationen sind. Das d'Alembertsche Prinzip für einen Massepunkt lautete:

$$(X - m\frac{d^2x}{dt^2})\delta x + (Y - m\frac{d^2y}{dt^2})\delta y + (Z - m\frac{d^2z}{dt^2})\delta z = 0,$$

wobei δx, δy, δz die möglichen Verrückungen des Punktes sind. Für ein System heißt dasselbe daher:

$$\sum \left[\left(X_i - m_i\frac{d^2x_i}{dt^2}\right)\delta x_i + \left(Y_i - m_i\frac{d^2y_i}{dt^2}\right)\delta y_i + \left(Z_i - m_i\frac{d^2z_i}{dt^2}\right)\delta z_i\right] = 0,$$

wobei δx_i, δy_i, δz_i alle mit den Bedingungen des Systems verträglichen Variationen sind. Indem man die Bedingungen einführt, zerfällt die vorstehende Gleichung in die Bewegungsgleichungen. Hat das System q Grade der Freiheit, so hat man q unabhängige Variationen der q Parameter. Stellt man δx_i, δy_i, δz_i als Funktionen dieser q Variationen dar und setzt die Faktoren einer jeden der letzteren gleich Null, so erhält man die q Bewegungsgleichungen des Systems.

Beweis des d'Alembertschen Prinzips

Erhält der Punkt m_i durch die Kräfte X_i, Y_i, Z_i die Beschleunigungen

$$\frac{d^2x_i}{dt^2}, \quad \frac{d^2y_i}{dt^2}, \quad \frac{d^2z_i}{dt^2},$$

so wären die Kräfte

$$X_i - m_i\frac{d^2x_i}{dt^2}, \qquad Y_i - m_i\frac{d^2y_i}{dt^2}, \qquad Z_i - m_i\frac{d^2z_i}{dt^2}$$

erforderlich, um den Punkt m_i im Gleichgewicht zu erhalten. Auf diese Kräfte kann man daher ohne weiteres das Prinzip der virtuellen Geschwindigkeiten anwenden und erhält damit das d'Alembertsche Prinzip.

Die Kräfte

$$X_i - m_i\frac{d^2x_i}{dt^2} \quad \text{etc.}$$

nennt man die "verlorenen Kräfte"; weil dieselben keine Beschleunigung erzeugen. (Die zur Beschleunigung benutzten Kräfte sind $m_i \frac{d^2 x_i}{dt^2}$, etc.) Das d'Alembertsche Prinzip sagt dann aus: "In jedem Augenblick befinden sich am bewegten System die infolge der Verbindungen des Systems verlorenen Kräfte im Gleichgewicht."

Anwendung auf die Bewegung eines starren Körpers

Es ist:

$$\begin{aligned}\delta x_i &= \delta u + y_i \delta r - z_i \delta q,\\ \delta y_i &= \delta v + z_i \delta p - x_i \delta r,\\ \delta z_i &= \delta w + x_i \delta q - y_i \delta p,\end{aligned}$$

wobei δu, δv, δw die Parallelverrückungen und δp, δq, δr die Drehungen sind. Setzt man diese Ausdrücke ein und verfährt wie oben angedeutet (d.h. setzt die Faktoren von δu, δv, δw, δp, δq, δr einzeln gleich Null), so folgen die Bewegungsgleichungen:

$$\sum m_i \frac{d^2 x_i}{dt^2} = \sum X_i$$

und zwei analoge,

$$\sum m_i \left(y_i \frac{d^2 z_i}{dt^2} - z_i \frac{d^2 y_i}{dt^2} \right) = \sum (y_i Z_i - z_i Y_i)$$

und zwei analoge. Dies sind die bekannten sechs Differentialgleichungen für die Bewegung eines starren Körpers.

11.

ebenen Systeme das Gleichgewicht halten, wenn sie sich an einem geeigneten Seilpolygone das Gleichgewicht halten.

Man gewinnt so Beziehungen der [illegible] Constructionen unter Umkehr der Reihenfolge der einzelnen Elemente.

O irgend ein Punkt.

Wir finden einen Punkt von [illegible] an der letzten Ecke der so entstehenden Seilpolygons! — Fertig. — 6

NB. Offenbar können wir zu jedem System von [illegible] im Gleichgewicht befindlichen Kräften unbegrenzt viele Seilpolygone construiren. — Besser vielleicht Stabpolygone!

Die kurze Digression sollte fühlbar machen, dass jenseits der bloßen Berechnung durch Formeln ein Gebiet geometrischer Construction liegt, welches das allergrößte Interesse darbietet.

Unmöglichkeit, diesem Gebiete in gegenwärtiger Vorlesung gerecht zu werden.

Daher Verweis auf die Vorträge von Schönflies, die morgen (Dienstag) Nachmittag ihren Anfang nehmen.

Notizen aus F. KLEINS Vorbereitung zur Vorlesung „Einleitung in die analytische Mechanik“

12.

Mittwoch.

Weitere Disposition: Kräfte am räumlichen Systeme.

X, Y, Z und Kräftepaar.

Hier beginnen neue Formelnummern. Oder sollen wir mit (18) fort?

Zu der Zusammensetzung der Kräftepaare, die in verschiedenen Ebenen durch O wirken.

Bezeichnung eines Paares durch eine Axe von gegebener Grösse und Richtung.

Selbstverständlich: dass wir diese Axe gerade durch O legen, ist eine Willkür. Es giebt ∞^6 Kräfte und nur ∞^3 Kräftepaare (allerdings sollten wir noch zeigen, dass ein Paar nicht nur in seiner Ebene beliebig verschoben werden kann, sondern auch parallel seiner Ebene).

Die Axen irgendwelcher Kräftepaare setzen sich nach dem Parallelogramm zusammen.

Wir richten die Kräftepaare so, dass sie beide an einem gemeinsamen Hebelarme von der Länge 1 angreifen.

Dann ist die Sache aus nebenstehender Figur deutlich.

Also Zerlegung nach dem Parallelepiped. Theilpaare L, M, N.

Jede Kraft erhält 6 Coordinaten:

X, Y, Z, L, M, N.

Diese 6 Stücke sind unmöglich unabhängig. Es muss eine Bedingung bestehen (Constantenzählen). Die Axe des Paares steht auf der Richtung der Kraft ⊥.

Donnerstag. Also

$$XL + YM + ZN = 0.$$

Notizen aus F. Kleins Vorbereitung zur Vorlesung „Einleitung in die analytische Mechanik"

19.

Fr. 5. Nov. 86.

1) Wir hatten P in 3 Theilkräfte X', Y', Z' zerlegt und suchten nun für diese Theilkräfte die Coordinaten. Dies gab uns eine Tabelle, welche ich heute zunächst vollständig hinschreiben muss:

(26)

	X	Y	Z	L	M	N
X'	$P\cos a$	0	0	0	$P\cos a \cdot z$	$-P\cos a \cdot y$
Y'	0	$P\cos b$	0	$-P\cos b \cdot z$	0	$+P\cos b \cdot x$
Z'	0	0	$P\cos c$	$+P\cos c \cdot y$	$-P\cos c \cdot x$	0

2) Also werden die Coordinaten der Kraft selbst:

(27) $X = P\cos a,\ P\cos b,\ P\cos c,\ P(y\cos c - z\cos b)$

$P(z\cos a - x\cos c)$ 10

$P(x\cos b - y\cos a)$.

womit unsere Aufgabe gelöst ist.

3) Hieran historisch anknüpfend: L, M, N als Momente der Kraft in Bezug auf die X, Y, Z-Axe. (als Bezeichnung)

Moment = $P \cdot \delta_z \cdot \sin \angle$, wo δ_z der kürzeste Abstand zwischen der Kraftlinie und der Coordinatenaxe.

Beweis a) Construction von $P\sin c$ und $P\sin c \cdot \delta_z$ an der Figur.

Z-Axe

X-Axe

Y-Axe

$P\sin c \cdot \delta_z$ ist einfach Drehmoment der Projection von P auf XY in Bezug auf Anfangspunkt.

b) Nun ist dies gleich Drehmoment von $P\cos a$ + Drehmoment von $P\cos b$, die nach unserm alten Parallelogrammsatz an den Hebelarmen x, y wirken. — Zwei

Notizen aus F. KLEINS Vorbereitung zur Vorlesung „Einleitung in die analytische Mechanik“

Historische Notizen

„Mechanik, überhaupt angewandte Mathematik, kann nur durch intensive Beschäftigung mit den Dingen selbst gelernt werden; die Litteratur giebt nur eine Beihilfe. Anleitung zum Beobachten mechanischer Vorgänge von früher Jugend an, und auf höherer Stufe Verbindung des mathematischen Nachdenkens mit der Arbeit im Laboratorium, das ist, was behufs gesunder Weiterbildung der Mechanik daneben und vor allen Dingen in die Wege geleitet werden muss. Die moderne Entwickelung hat ja auch in dieser Hinsicht in vielversprechender Weise eingesetzt. Möge die Wissenschaft der Mechanik, die eine Grunddisziplin aller Naturwissenschaft ist, solcherweise einer neuen Blüte entgegengeführt werden. Möge insbesondere auch das Wort Leonardo da Vincis sich wieder bewahrheiten, dass die Mechanik das Paradies der Mathematiker ist!"

F. Klein, 1907

Felix Klein hielt die Vorlesung „Einleitung in die analytische Mechanik" im Wintersemester 1886/87 an der Universität Göttingen. Aus dem im Anhang zum dritten Band seiner Gesammelten mathematischen Werke abgedruckten Verzeichnis der Vorlesungen und Seminare Kleins lassen sich u. a. folgende Angaben entnehmen:

Wi. 1886/87:	Mechanik I, 4 St. Vorl. u. 1 St. Üb.
So. 1887:	Mechanik II, 2 St. Vorl. u. 1 St. Üb.
Wi. 1887/88:	Theorie des Potentials I, 4 St.*)
So. 1888:	Theorie des Potentials II, 4 St.*)
Wi. 1888/89:	Partielle Differentialgleichungen der Physik I, 4 St.*)
So. 1889:	Partielle Differentialgleichungen der Physik II, 4 St.*)

In einer Fußnote dazu schreibt Klein rückblickend:
*) „Einige Teile der Vorlesungen ‚Theorie des Potentials' und ‚Partielle Differentialgleichungen der Physik' sind in das Buch von Herrn Fr. Pockels ‚Über die partielle Differentialgleichung $\Delta u + k^2 u = 0$ und deren Auftreten in der mathematischen Physik', Leipzig 1891, übergegangen."

Friedrich Karl Alwin Pockels wurde am 18. Juni 1865 in Vicenza (Italien) geboren. Er studierte in Braunschweig, Freiburg i. Br. und Göttingen. Im Jahre 1888 promovierte er und war dann Assistent am physikalischen Institut sowie am mineralogischen Institut der Universität Göttingen.

Er habilitierte sich 1892 und folgte 1895 dem Ruf als außerordentlicher Professor an die technische Hochschule in Dresden. Ab 1900 wirkte F. Pockels als außerordentlicher Professor der theoretischen Physik in Heidelberg. Er starb am 29. August 1913 in Heidelberg.

Im Teubner-Verlag Leipzig erschienen von ihm:
Pockels, F.: Über die partielle Differentialgleichung $\Delta u + k^2 u = 0$ und deren Auftreten in der mathematischen Physik. Mit einem Vorwort von F. Klein. Leipzig 1891.
Pockels, F.: Lehrbuch der Kristalloptik. Leipzig 1906.
Er ist Mitherausgeber der ebenfalls bei Teubner erschienenen Gesammelten wissenschaftlichen Abhandlungen von Julius Plücker und Mitautor des V. Bandes (Physik) der Encyklopädie der mathematischen Wissenschaften mit Einschluß ihrer Anwendungen. Außerdem übernahm er im Jahre 1908 die Redaktion der Beiblätter zu den Annalen der Physik.

Über F. Pockels' Göttinger Zeit schrieb sein Freund und Schüler W. Voigt in einem Nachruf [Beiblätter zu den Annalen der Physik 37 (1913) 19, S. I–IV]: „Er kam 1883 zur Universität Göttingen und hörte dort schon in frühen Semestern Vorlesungen über theoretische Physik, die sich eigentlich an ältere Hörer wendeten, die er aber durch seine Anlagen, seinen Fleiß und seinen festen Willen zu bewältigen wußte. War hiermit sein Hauptinteresse bekundet, so baute er sein Studium doch auf breiter Basis auf und widmete seine Arbeit außer der dem Physiker dringend nötigen Mathematik auch der Mineralogie und der Botanik. 1888 schloß er sein Studium mit einer Promotion, die nach der Güte der Dissertation und der Tiefe der im Kolloquium bewiesenen Kenntnisse als hervorragend zu bezeichnen war. Der Gegenstand der Arbeit, eine Ausdehnung der theoretischen und experimentellen Untersuchungen Franz Neumanns über künstliche Doppelbrechung auf Kristalle, entsprach der Doppelneigung von Pockels zu Optik und zu Kristallographie in besonderem Maße und hat ihn in der Folgezeit noch mehrmals angezogen. Für die Anerkennung, die sich Pockels durch seine ersten Arbeiten und durch seine persönlichen Eigenschaften erworben hatte, wie auch für die Vielseitigkeit seiner Bildung spricht der Umstand, daß er nahe gleichzeitig von Th. Liebisch zur Übernahme der Assistentenstelle an dem Göttinger Mineralogischen Institut und von F. Klein zur Ausarbeitung einer Monographie über die Integration der Gleichung $\Delta u + k^2 u = 0$ aufgefordert wurde, und daß er beiden Aufgaben nebeneinander zu entsprechen wußte. Das letztere um 1891 erschienene Werk zeigt den jungen Gelehrten in voller Herrschaft über den umfänglichen Stoff und im Besitz einer klaren, wohldisponierten Darstellung, vermöge deren das Buch sich zur Einführung in das wichtige Gebiet sehr wohl eignet."

Felix Klein und die analytische Mechanik

Einige historische Anmerkungen

Den Mathematikprofessor Felix Klein auch einen Physiker zu nennen, genauer vielleicht einen theoretischen Physiker, ist durchaus angebracht. Er selbst verweist in seinen autobiographischen Notizen (Mitteilungen des Universitätsbundes Göttingen, Jahrgang 5 von 1923, Heft 1, und Jacobs; K.: Felix Klein – Handschriftlicher Nachlaß. Erlangen 1977) darauf, daß bei ihm die Entscheidung für die Mathematik erst im Herbst des Jahres 1872 fiel: mit seiner Berufung auf eine mathematische Professur an der Universität Erlangen. Noch als Privatdozent in Göttingen 1871/72 hielt er, trotz mathematischer Promotion und Habilitation, hauptsächlich physikalische Vorlesungen. Auch in seiner Studienzeit an der Universität Bonn (von 1866 bis 1869) widmete er sich neben anderen Naturwissenschaften vorwiegend der Physik. Professor dieses Faches war damals in Bonn Julius Plücker, der den jungen Felix Klein als Assistenten für seine Experimentalphysikvorlesungen auswählte.

Nach und nach mußte der Assistent seinem Lehrer auch bei dessen bedeutsamen mathematischen Forschungen auf dem Gebiet der „Liniengeometrie“ zur Hand gehen, denn Plücker, der diese geometrische Disziplin schon in den 30er Jahren begründet hatte, war gerade mit der Ausarbeitung des ersten Bandes der „Neuen Geometrie des Raumes, gegründet auf die Betrachtung der geraden Linie als Raumelement“ (Teubner-Verlag Leipzig 1868) beschäftigt. Und als Plücker im Mai des Jahres 1868 starb, war es Klein, der den Band 2 fertigstellte und herausgab. Auf diesem Plückerschen Fundament baut sich das mathematisch-geometrische Werk von Felix Klein auf.

Das physikalische Grundinteresse bei Klein blieb jedoch auch nach dem Jahre 1872 stets wach und zeigt sich in vielen mathematischen Leistungen seiner wissenschaftlichen Tätigkeit in Erlangen (1872/75), München (1875/80) und Leipzig (1880/86). So z. B. in der später als „physikalische Mathematik“ bezeichneten Methode, die er bei der Beschäftigung mit der Riemannschen Funktionentheorie entwickelte (siehe u. a. „TEUBNER-ARCHIV zur Mathematik“ Bd. 5, S. 266, und Bd. 7, S. 258). Gelegentlich hielt er auch in Erlangen und München Vorlesungen zur analytischen Mechanik bzw. Seminare zur mathematischen Physik. Rückblikkend schrieb Klein über die Zeit nach dem Jahre 1872: „... und begann insbesondere, mich lebhaft für Riemann zu interessieren. Immer meinte ich, trotz dieses Umweges eines Tages zur Physik – und sogar zur allgemeinen Naturwissenschaft – zurückkehren zu können, ...“ (Jacobs, K.: Felix Klein – Handschriftlicher Nachlaß. Erlangen 1977, Blatt 22f.).

Während der im Jahre 1886 beginnenden Schaffensperiode in Göttingen wandte er sich wieder intensiver der Physik zu, beginnend mit der im vorliegenden Band abgedruckten Vorlesung „Einleitung in die analytische Mechanik“. Von diesem Zeitpunkt an bis zu seiner Emeritierung im Jahre 1913 weist Kleins Vorlesungs- und Seminarverzeichnis fast in jedem Semester ein physikalisches bzw. ein physikalisch orientiertes Thema auf. Aus diesem Problemkreis sind u. a. zwei in mathematischer, physikalischer und auch technischer Hinsicht wichtige Publikationen Kleins hervorgegangen, die in der jüngeren wissenschaftshistorischen Forschung noch nicht die gebührende Aufmerksamkeit gefunden haben. Nachfolgend seien diese beiden Arbeiten näher vorgestellt, wobei der Schwerpunkt der Anmerkungen auf der Nutzung Kleinscher mathematischer Resultate für die analytische Mechanik liegt.

Theorie des Kreisels

In den Jahren 1897, 1898, 1903 und 1910 erschienen im Teubner-Verlag Leipzig die vier Bände (von den Autoren selbst als „Hefte“ bezeichnet) des sehr populären und in vieler Hinsicht bedeutsamen Werkes „Theorie des Kreisels“ von Felix Klein und Arnold Sommerfeld, zweifellos eine der wichtigsten physikalischen Leistungen Kleins, wenn man von der Wirkung des „Erlanger Programms“ auf die Physik absieht. In seinen „Gesammelten mathematischen Abhandlungen“ (3 Bände, erschienen im Springer-Verlag Berlin in den Jahren 1921, 1922 und 1923; nachfolgend kurz GA genannt), Bd. 2, S. 658f., erinnert sich Klein: „Hier (bei Gesprächen auf der Jahreshauptversammlung des Vereins Deutscher Ingenieure im Jahre 1895 in Aachen – F. K.) kam mir der Gedanke, durch eine eingehende Vorlesung über ein spezielles mechanisches Problem, eben die Kreiseltheorie, die mir geläufigen theoretischen Betrachtungen mit den Bedürfnissen physikalischen und technischen Verständnisses in Verbindung zu setzen ... In meiner Vorlesung wurden alle diese Betrachtungen mit Experimenten begleitet.“

Die Anzeige, die dem ersten Band der „Theorie des Kreisels“ vorangestellt ist, weist dann als Ursprung dieses Werkes die Göttinger Vorlesung Kleins vom Wintersemester 1895/96 aus (ergänzt durch die Mechanikvorlesung vom Sommersemester 1896), wobei die „Ausführungen der hierbei vorgetragenen Ideen sowie die Abrundung des Stoffes“ Arnold Sommerfeld übernommen hatte, der sich damals in Göttingen habilitierte. Der Anteil von Sommerfeld ist für Bd. 3 relativ hoch zu veranschlagen, Bd. 4 wurde bearbeitet und ergänzt von Fritz Noether. Diese beiden Teile enthalten umfassende numerische Ausführungen und viele interessante Anwendungen auf Astronomie, Geophysik, Technik und physikalische Beispiele. Ein Vergleich insbesondere der Bände 1 und 2, der Vorlesung von 1895/96 und der im vorliegenden Band abgedruckten Vorlesung, wo die Kreiselproblematik in einem recht umfangreichen Teil schon behandelt wird, zeigt eine starke inhaltliche Verbindung. Die Kausalkette

Vorlesung von 1886/87 ⟶ Vorlesung von 1895/96 ⟶ Theorie des Kreisels

liegt nahe, wobei Kleins Mechanikvorlesung vom Jahre 1890/91 durchaus noch eingefügt werden könnte.

Ein Kreisel im allgemeinsten Sinne ist ein starrer Körper, der um einen festen Punkt 0, den Dreh- oder Unterstützungspunkt, frei drehbar ist, also 3 Freiheitsgrade besitzt. Sind die drei Hauptträgheitsmomente, welche die Massenverteilung des Körpers charakterisieren, gleich, so spricht man von einem *Kugelkreisel*; sind nur zwei gleich, so spricht man von einem *symmetrischen Kreisel* (er besitzt eine Figuren- oder Symmetrieachse), und im allgemeinen Fall spricht man von einem *unsymmetrischen Kreisel*. Der Kreisel heißt *kräftefrei*, falls die Momente der äußeren Kräfte auf den Drehpunkt stets null sind. Im anderen Fall heißt der Kreisel *schwer*.

Die erste theoretisch fundierte Behandlung des Kreisels geht auf LEONHARD EULER und das Jahr 1758 zurück (Du mouvement de rotation des corps solides autour d'un axe variable, Eneström-Verzeichnis Serie II, Bd. 8, enthält die Eulerschen Kreiselgleichungen). Die Eulerschen unsymmetrischen Winkel ϑ, ψ und φ (siehe Abbildung) findet man schon in einem Appendix der berühmten „Introductio in analysin infinitorum", die im Jahre 1748 in Lausanne erschienen ist.

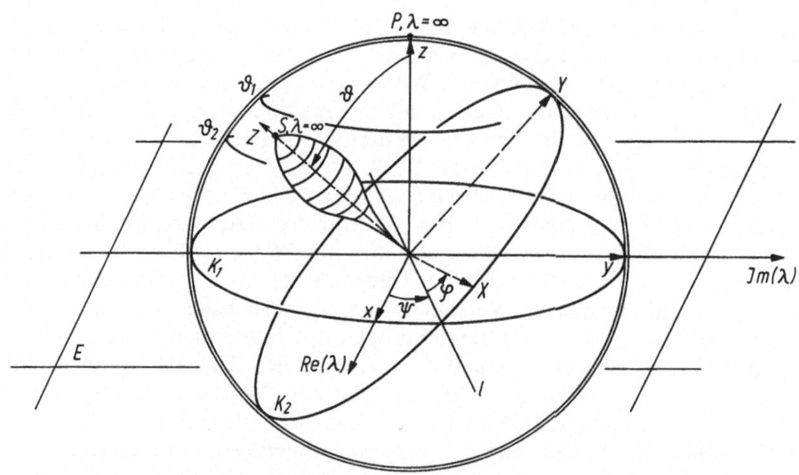

Während die Behandlung des kräftefreien symmetrischen Kreisels mit elementaren Funktionen bewältigt werden kann, führt das Problem des schweren symmetrischen Kreisels (wie auch das des unsymmetrischen kräftefreien Kreisels) auf elliptische Funktionen bzw. elliptische Integrale. Das Problem des schweren unsymmetrischen Kreisels ist noch nicht gelöst, bis auf einen von SONJA KOWALEWSKAJA im Jahre 1888/89 behandelten Spezialfall (Acta mathematica 12, 1889, S. 177–232). KLEINS Betrachtungen in der „Theorie des Kreisels" konzentrieren sich auf den schweren symmetrischen Kreisel, wobei er noch zwischen einem schwachen und einem starken Kreisel unterscheidet (Theorie des Kreisels, S. 249). Er geht aber auch auf den Fall des beweglichen Unterstützungspunktes ein, wodurch die Anzahl der Freiheitsgrade um zwei steigt und die mathematische Behandlung auf hyperelliptische Funktionen führt. Selbst dem Problem des unsymmetrischen Kreisels wird ein Abschnitt gewidmet.

Die ihm aus seinen funktionentheoretischen Forschungen der Münchner und Leipziger Zeit „geläufigen theoretischen Betrachtungen" bringt Klein in der „Theorie des Kreisels" wie folgt zur Geltung (vgl. Abbildung): Um die Bewegung des Kreisels besonders einfach beschreiben zu können, legt Klein um den festen Punkt O zwei vereinigt zu denkende Einheitskugeln, eine raumfeste und eine um O drehbare. Mit der raumfesten sei ein orthogonales xyz-Koordinatensystem fest verbunden, dessen z-Achse mit der Vertikalen zusammenfällt. Mit der beweglichen Kugel sei ebenfalls ein orthogonales XYZ-Koordinatensystem starr verbunden, dessen Z-Achse mit der Symmetrieachse des Kreisels zusammenfällt. Beide Systeme seien hier Rechtssysteme und haben ihren gemeinsamen Ursprung im Zentrum beider Kugeln, in O. Jedem Punkt der raumfesten Kugel (und jedem der drehbaren Kugel) ordnet Klein in eineindeutiger Weise einen komplexen Zahlenwert λ (Λ) durch die mit der Kugelgleichung korrespondierende Beziehung

$$\lambda = \frac{x + \mathrm{i}y}{1 - z} \qquad \left(\Lambda = \frac{X + \mathrm{i}Y}{1 - Z}\right)$$

zu. Mittels der bekannten Projektion vom Pol P der raumfesten Kugel aus kann man die komplexen λ-Werte leicht in eineindeutiger Weise auf die Gaußsche Zahlenebene E (durch den Äquator K_1) übertragen. Klein zeigt, daß die Parameter beider Kugeln durch die lineare Transformation

$$\lambda = \frac{\alpha\Lambda + \beta}{\gamma\Lambda + \delta}$$

mit der Bedingung $\alpha\delta - \beta\gamma = 1$ verbunden sind. Dieses Vorgehen geschieht in deutlicher Analogie zu seinen Arbeiten aus der zweiten Hälfte der 70er Jahre über die regulären Polyeder, wo er diese Körper Riemannschen Zahlenkugeln einbeschrieb und die Drehgruppen dann analytisch klärte. Es gelang ihm eine vollständige Beschreibung aller endlichen Untergruppen der Gruppe der linearen Transformationen. Niedergelegt sind diese schönen Resultate in dem lesenswerten Buch „Über das Ikosaeder und die Auflösung der Gleichungen vom 5. Grade", erschienen im Jahre 1884 im Teubner-Verlag Leipzig.

Die beim Kreisel von Klein eingeführten Parameter α, β, γ, δ stehen mit den Eulerschen unsymmetrischen Winkeln ϑ, ψ, φ in folgender Verbindung (wobei man von ϑ zu $\frac{\vartheta}{2}$ übergeht):

$$\alpha = \cos\frac{\vartheta}{2} \cdot \exp\frac{\mathrm{i}(\varphi + \psi)}{2}, \quad \beta = \mathrm{i} \cdot \sin\frac{\vartheta}{2} \cdot \exp\frac{\mathrm{i}(-\varphi + \psi)}{2},$$

$$\gamma = \mathrm{i} \cdot \sin\frac{\vartheta}{2} \cdot \exp\frac{\mathrm{i}(\varphi - \psi)}{2}, \quad \delta = \cos\frac{\vartheta}{2} \cdot \exp\frac{\mathrm{i}(-\varphi - \psi)}{2}.$$

Die direkten Beziehungen zwischen den Koordinaten x, y, z und X, Y, Z über die Eulerschen Winkel sind vorn in der Vorlesung hergeleitet und waren schon damals klassischer Bestand der Theorie. Bei Verwendung der neuen Parameter α, β, γ, δ erhält KLEIN:

$$\begin{aligned} x+\mathrm{i}y &= \alpha^2(X+\mathrm{i}Y)+\beta^2(-X+\mathrm{i}Y)+2\alpha\beta(-Z),\\ -x+\mathrm{i}y &= \gamma^2(X+\mathrm{i}Y)+\delta^2(-X+\mathrm{i}Y)+2\gamma\delta(-Z),\\ -z &= \alpha\gamma(X+\mathrm{i}Y)+\beta\delta(-X+\mathrm{i}Y)+(\alpha\delta+\beta\gamma)(-Z). \end{aligned}$$

Damit führt es ihn zwar weg von der direkten Anschauung, doch es entstehen bessere Übersichtlichkeit und eine gewisse Symmetrie in den Beziehungen, und in der Tat ergeben sich analytisch wesentliche Vereinfachungen.

Fast nebenbei kommt KLEIN bezüglich seiner Parameter noch auf HAMILTONS Quaternionen zu sprechen: Geht man von den vier Parametern α, β, γ, δ zu den vier reellen Parametern A, B, C und D durch die Festlegungen $\alpha = D + \mathrm{i}C$, $\beta = -B + \mathrm{i}A$, $\gamma = B + \mathrm{i}A$ und $\delta = D - \mathrm{i}C$ über, so folgt aus der Forderung $\alpha\delta - \beta\gamma = 1$ die Beziehung $A^2 + B^2 + C^2 + D^2 = 1$. Ein Quadrupel reeller Zahlen fixiert also eine Drehung des räumlichen Koordinatensystems (im R^3) unter der angegebenen Bedingung. Eine Quaternion Q, die man klassisch in der Form $Q = A\mathrm{i} + B\mathrm{j} + C\mathrm{k} + D$ mit den drei „imaginären Einheiten" i, j, k schreibt, ist ebenfalls ein Quadrupel reeller Zahlen, wobei sie nicht nur als eine Drehung, sondern i. allg. als eine Drehstreckung interpretiert werden kann, mit dem Streckungsfaktor $A^2 + B^2 + C^2 + D^2$.

Was nun z. B. die Beschreibung der Bahnkurve der Kreiselspitze S, oder etwas allgemeiner des Schnittpunktes der Figurenachse (Z-Achse) mit der Einheitssphäre angeht, wählt KLEIN zunächst den „klassischen" Weg über die direkte Kopplung an die Eulerschen Winkel, um danach seine neuen Parameter ins Spiel zu bringen. Der „klassische" Teil, wie er im Prinzip vorn in der abgedruckten Vorlesung dargelegt ist, führt relativ leicht und anschaulich zu der doppelten Periodizität (zeitlich und azimutal) der Bewegung des Punktes S. Hier nun geht KLEIN noch wesentlich weiter, indem er die auftretenden elliptischen Integrale für die Zeit t und den Winkel ψ im Sinne der von ihm selbst in der ersten Hälfte der 80er Jahre entscheidend weiterentwickelten geometrischen Funktionentheorie mit dem bedeutsamen Uniformisierungsprinzip zur Geltung bringt. Dies geschieht so, daß er (wir betrachten hier nur das Integral für t) in dem vom Energieerhaltungssatz, der auf eine Gleichung der Form $\dot{u}^2 = f(u)$ führt, geschlußfolgerten elliptischen Integral 1. Gattung

$$t = \int \frac{\mathrm{d}u}{\sqrt{f(u)}},$$

wo $u = \cos\vartheta$ und $f(u)$ eine ganzrationale Funktion 3. Grades mit drei reellen Nullstellen ist, sowohl t als auch u als (getrennte) komplexe Variable auffaßt. Die sich daraus ergebende doppelte Periodizität der t-Werte ($2m\omega + 2\mathrm{i}m'\omega'$; $m, m' \in Z$; $\omega, \omega' \in C$ als die unabhängigen Perioden) ermöglicht nun die Uniformisierung (grobgesprochen „Parametrisierung") des analytischen Gebildes $\left(u, \sqrt{f(u)}\right)$ durch das obige Integral. Das heißt, daß jedem t-Wert eines Periodenrechtecks genau ein Wertepaar des Gebildes zugeordnet ist, und zwar durch zwei eindeutige (genauer: meromorphe) Funktionen von t. Man hat in der t-Ebene in Gestalt eines Rechtecks der Größe 2ω mal $2\omega'$ ein konformes Bild der korrespondierenden Riemannschen

Fläche. (Eine interessante praktische Realisierung dieser Abbildung gibt S. FINSTERWALDE im Jahresbericht d. DMV 6 (1897) 2, S. 43–90.) Das physikalische Ziel, u in Abhängigkeit von t darzustellen, führt also auf doppeltperiodische bzw. elliptische Funktionen.

Nun lassen sich natürlich auch für die α, β, γ, δ entsprechende Integraldarstellungen ableiten. Es zeigt sich, daß diese Parameter auch eindeutige Funktionen von t sind. Sie sind jedoch nicht doppeltperiodisch, sie sind nur einfachperiodisch. KLEIN schreibt daher: „Die α, β, γ, δ stellen die einfachsten analytischen Bausteine dar, aus denen sich die allgemeinen Formeln der Kreiselbewegung zusammensetzen lassen“ (Theorie des Kreisels, S. 405). In Anlehnung an die Jacobischen Thetafunktionen stellt er diese Parameter in Abhängigkeit von t als Quotienten von Reihen der Form

$$\sum_{n=-\infty}^{+\infty} \exp\left(-\frac{\omega'}{\omega}\left(\frac{2n-1}{2}\right)^2 \pi + \frac{t+\omega'}{\omega}\cdot\frac{2n-1}{2}\pi i\right)$$

bzw. mit $q = \exp\left(-\frac{\omega'}{\omega}\pi\right)$ und $s = t\pi/2\omega$ in der Form

$$2q^{1/4}\sin s - 2q^{9/4}\sin 3s + 2q^{25/4}\sin 5s + - \ldots$$

dar und findet so einen günstigen numerischen Zugang (a. a. O., S. 440ff.). Die Reihen konvergieren um so schneller, je größer das Periodenverhältnis ω'/ω ist. Es gelingt jetzt leicht, z. B. die Bewegung der Kreiselspitze mittels der linearen Transformation $\lambda = \frac{\alpha\Lambda + \beta}{\gamma\Lambda + \delta}$ zu fixieren: Der Spitze S entspricht der Parameter $\Lambda = \infty$, also $\lambda = \alpha/\gamma$. Durch Einsetzen der Reihendarstellungen für α und γ hat man eine brauchbare zeitabhängige Darstellung für λ. Diese Größe kann man durch die bekannten Transformationsgleichungen noch auf die Gaußsche Zahlenebene E übertragen.

Über seine neuen Denkweisen bezüglich der Kreiseltheorie hat KLEIN in den Jahren 1896/97 neben dem mit SOMMERFELD publizierten vierbändigen Buch drei kleine Abhandlungen veröffentlicht (GA, Bd. 2, S. 616–658).

Dieses Werk, die „Theorie des Kreisels“, ist jedoch noch aus einem anderen Blickwinkel von besonderem Interesse, denn es trug nicht unwesentlich dazu bei, daß die Reibungsproblematik als eine wissenschaftliche Fragestellung anerkannt wurde. Die Physiker des 19. Jahrhunderts wiesen diesen Gegenstand im großen und ganzen den Technikern zu (deren Tätigkeit weithin nicht als wissenschaftlich eingestuft wurde), weil solche Probleme nicht die „notwendige Reinheit“ besäßen. KLEIN und SOMMERFELD ließen solche Vorbehalte völlig unbeachtet, was in mathematischer Hinsicht dazu führte, daß die auftretenden Bewegungsgleichungen i. allg. keine geschlossenen Lösungen mehr aufwiesen und mit Näherungsverfahren behandelt werden mußten. Von daher dürfte diese Schrift auch für die historische Entwicklung der Approximationsmathematik Bedeutung haben. Eine angemessene historische Bewertung des Stellenwertes und der Wirkung des Buches bezüglich dieser beiden Aspekte (Reibung, Approximationsmathematik) steht trotz der Bemerkung von PAUL STÄCKEL aus dem Jahre 1905 (Encyklopädie d. Mathematischen Wissenschaften, Bd. IV, 1, S. 473) noch aus.

Zur Schraubentheorie von Sir Robert Ball

Die Kleinsche Arbeit „Zur Schraubentheorie von Sir Robert Ball" erschien in der „Zeitschrift für Mathematik und Physik", Bd. 47 im Jahre 1902 (Wiederabdruck mit einem Zusatz in den „Mathematischen Annalen", Bd. 62 vom Jahre 1906, und in den GA, Bd. 1, S. 503–531). KLEIN bezieht sich dabei auf BALLS zusammenfassende Darstellung „A treatise on the theory of screws", erschienen in Cambridge im Jahre 1900, und nimmt eine gruppentheoretische Charakterisierung der „Schraubentheorie" vor (Schraubungen als Transformationen im 3dimensionalen euklidischen Raum). Insgesamt ist diese Theorie kurz darauf in dem wichtigen Buch „Geometrie der Dynamen", erschienen im Teubner-Verlag Leipzig im Jahre 1903, von EDUARD STUDY, der sich 1885 bei KLEIN habilitiert hatte, umfassend behandelt und zu einem gewissen Abschluß gebracht worden. Im Jahre 1958 gab E. W. HYDE diesem Begriff im Rahmen der Tensorrechnung eine neue Fassung (Annals of mathematics 4, S. 137–155).

Über die Ballsche Schraubentheorie ist die Liniengeometrie mit der Kinematik verbunden. KLEIN knüpft auch direkt an seine Arbeit aus dem Jahre 1871 „Notizen, betreffend den Zusammenhang der Liniengeometrie mit der Mechanik starrer Körper" (Mathematische Annalen, Bd. 4, S. 403–415) an. In der Publikation des Jahres 1902 ist wesentlich, daß er den Grundgedanken seines Erlanger Programms ebenfalls vom Jahre 1871 explizit in die Mechanik überträgt. Die „Hauptgruppe" der Mechanik definiert er dadurch, daß der Hauptgruppe der räumlichen Transformationen (also der Rotation, der Translation und der Ähnlichkeitstransformation einschließlich der Inversion) noch die Ähnlichkeitstransformation der Zeit t und der Kraft P bzw. der Masse m hinzugefügt wird, also $t_1 = \varrho t$, $P_1 = \sigma P$ bzw. $m_1 = \varepsilon m$, was KLEIN als Änderung der Einheiten dieser Größen beschreibt. Mittels der Hauptgruppe und ihren Untergruppen kann man nun mechanische bzw. physikalische Größen charakterisieren. Insbesondere wurde z. B. der bedeutsame Begriff der „mechanischen Ähnlichkeit" (Modellversuch und realer Vorgang) dadurch direkt gefördert.

Für KLEINS Schaffen typisch ist seine didaktische Veranlagung. Dazu gehört das Entdecken wichtiger Modelle oder Beispiele für abstrakte Theorien sowie die Entwicklung von Apparaten, Mechanismen und gegenständlichen mathematischen Modellen für theoretische Zusammenhänge. In der Arbeit über BALLS Schraubentheorie bespricht er die auf HEINRICH HERTZ („Mechanik", erschienen in Leipzig im Jahre 1894) zurückgehende Unterscheidung von holonomen und nicht holonomen Bedingungsgleichungen für die Bewegung starrer Körper. Im holonomen Fall reduziert sich stets die Anzahl der Freiheitsgrade, im anderen Fall i. allg. nicht[1]). Letztere Bedingung schränkt nur die Beweglichkeit im Infinitesimalen ein, d. h., es ist jede Ortsveränderung nach wie vor realisierbar, nur die Art und Weise ist eingeschränkt. KLEIN führt als ein besonders instruktives Beispiel die reine Rollbewegung eines Karrens auf einer horizontalen Unterlage an (GA, Bd. 1, S. 521), der durch geeignete Wege auf jeden beliebigen Standort zu bringen ist.

---

[1]) Wann eine Mannigfaltigkeit von Differentialformen zur Reduzierung der Zahl der Freiheitsgrade führt, wird in der Theorie der Pfaffschen Gleichungen (Pfaffsches Problem) geklärt, die in moderner Weise mit dem Cartanschen Kalkül behandelt wird.

Bezüglich der mechanischen Apparaturen heißt es in der Arbeit aus dem Jahre 1902 (GA, Bd. 1, S. 519): „Ich stelle die Aufgabe, die sämtlichen gemäß unserer Diskussion (über die Transformationen durch ‚Schraubungen' – F. K.) zu unterscheidenden reellen Fälle infinitesimaler Beweglichkeit eines starren Körpers durch möglichst einfache Mechanismen zu realisieren."

Diese Anregung hat A. Grünwald in seiner Arbeit „Darstellung aller Elementarbewegungen eines starren Körpers von beliebigem Freiheitsgrade" aufgegriffen, die in der „Zeitschrift für Mathematik und Physik", Bd. 52 vom Jahre 1905, S. 229–275, erschienen ist. Darin werden viele technisch interessante Mechanismen entwickelt.

Leipzig, Juni 1990 Fritz König

ÜBER DIE

PARTIELLE DIFFERENTIALGLEICHUNG

$$\Delta u + k^2 u = 0$$

UND DEREN AUFTRETEN

IN DER

MATHEMATISCHEN PHYSIK.

VON

FRIEDRICH POCKELS.

MIT EINEM VORWORT VON FELIX KLEIN.

MIT FIGUREN IM TEXT.

LEIPZIG,

DRUCK UND VERLAG VON B. G. TEUBNER.

1891.

Titelseite des 1891 im Teubner-Verlag Leipzig erschienenen Buches von F. Pockels

Namen- und Sachverzeichnis

Teubner-Archiv zur Mathematik

„Editionen sind die Grundpfeiler der Mathematikgeschichte. Mit Hilfe des Teubner-Archivs werden wichtige Texte einzeln oder in sinnvoller Zusammenstellung leicht zugänglich gemacht. Die Kommentare erleichtern das Verständnis der oft schwierigen Originaltexte. Es wäre wünschenswert, daß die Reihe Teubner-Archiv auch in Zukunft wächst und gedeiht und in möglichst vielen Bibliotheken und privaten Regalen Aufnahme findet.“

K. Reich, 1989
Historia Mathematica

Band 11: *D. Hilbert, E. Schmidt*
Integralgleichungen und Gleichungen mit unendlich vielen Unbekannten
Herausgegeben und mit einem Nachwort versehen von A. Pietsch
1989. 316 Seiten
Inhalt: D. Hilbert: Grundzüge einer allgemeinen Theorie der linearen Integralgleichungen (Erste, vierte und fünfte Mitteilung. Sachlich geordnete Inhaltsübersicht). Wesen und Ziele einer Analysis der unendlichvielen unabhängigen Variablen. – E. Schmidt: Zur Theorie der linearen und nichtlinearen Integralgleichungen (Erster und zweiter Teil). Über die Auflösung linearer Gleichungen mit unendlich vielen Unbekannten. – Nachwort.

Band 12: *H. Minkowski*
Ausgewählte Arbeiten zur Zahlentheorie und zur Geometrie
Mit D. Hilberts Gedächtnisrede auf H. Minkowski, Göttingen 1909. Herausgegeben und mit einem Anhang versehen von E. Krätzel und B. Weissbach
1989. 261 Seiten
Inhalt: H. Minkowski: Über Eigenschaften von ganzen Zahlen, die durch räumliche Anschauung erschlossen sind. Ein Kriterium für die algebraischen Zahlen. Über die Annäherung an eine reelle Größe durch rationale Zahlen. Diskontinuitätsbereich für arithmetische Äquivalenz. Allgemeine Lehrsätze über die konvexen Polyeder. Über die Begriffe Länge, Oberfläche und Volumen. Volumen und Oberfläche. Über die Körper konstanter Breite. – D. Hilbert: Hermann Minkowski (Gedächtnisrede, Göttingen 1909). – Kommentierender Anhang.

Band 13: *G. Peano*
Arbeiten zur Analysis und zur mathematischen Logik
Herausgegeben und mit einem Nachwort versehen von G. Asser
1990. 144 Seiten
Inhalt: G. Peano: Über mathematische Logik. Definitionen der Arithmetik. Über die Taylor'sche Formel. Über die Definition des Integrals. Die komplexen Zahlen. Sur une courbe qui remplit toute une aire plaine. Démonstration de l'intégrabilité des équations différentielles ordinaires. – Nachwort.

Im „TEUBNER-ARCHIV zur Mathematik“ erschienen bisher:

Band 1 (1984): *C. F. Gauß, B. Riemann, H. Minkowski*
Gaußsche Flächentheorie, Riemannsche Räume und Minkowski-Welt
Hrsg.: J. Böhm, H. Reichardt

Band 2 (1984): *G. Cantor*
Über unendliche, lineare Punktmannigfaltigkeiten. Arbeiten zur Mengenlehre 1872–1884
Hrsg.: G. Asser

Band 3 (1985): *G. Herglotz*
Vorlesungen über die Mechanik der Kontinua
Hrsg.: R. B. Guenther, H. Schwerdtfeger. Mit einem Geleitwort von H. Beckert

Band 4 (1985): *H. Reichardt*
Gauß und die Anfänge der nicht-euklidischen Geometrie
Mit Originalarbeiten von J. Bolyai, N. I. Lobatschewski und F. Klein

Band 5 (1986): *F. Klein*
Riemannsche Flächen. Vorlesungen, gehalten in Göttingen 1891/92
Hrsg.: G. Eisenreich, W. Purkert

Band 6 (1986): *D. König*
Theorie der endlichen und unendlichen Graphen. Mit einer Abhandlung von L. Euler
Hrsg.: H. Sachs. Mit einem biographischen Anhang von T. Gallai und einem Geleitwort von P. Erdös

Band 7 (1987): *F. Klein*
Funktionentheorie in geometrischer Behandlungsweise. Vorlesung, gehalten in Leipzig 1880/81
Hrsg.: F. König. Mit einem Geleitwort von F. Hirzebruch

Band 8 (1987): *C. Neumann, Klein, Lie, Engel, Hausdorff, Liebmann, Blaschke, Lichtenstein*
Leipziger mathematische Antrittsvorlesungen. Auswahl aus den Jahren 1869–1922
Hrsg.: H. Beckert, W. Purkert

Band 9 (1988): *K. Weierstraß*
Ausgewählte Kapitel aus der Funktionenlehre. Vorlesung, gehalten in Berlin 1886
Hrsg.: R. Siegmund-Schultze. Mit einem Geleitwort von K.-R. Biermann

Band 10 (1988): Nachrufe auf Berliner Mathematiker des 19. Jahrhunderts
C. G. J. Jacobi, P. G. L. Dirichlet, E. E. Kummer, L. Kronecker, K. Weierstrass
Hrsg.: H. Reichardt

Band 11 (1989): *D. Hilbert, E. Schmidt*
Integralgleichungen und Gleichungen mit unendlich vielen Unbekannten
Hrsg.: A. Pietsch

Band 12 (1989): *H. Minkowski*
Ausgewählte Arbeiten zur Zahlentheorie und zur Geometrie
Mit D. Hilberts Gedächtnisrede 1909
Hrsg.: E. Krätzel, B. Weissbach

Band 13 (1990): *G. Peano*
Arbeiten zur Analysis und zur mathematischen Logik
Hrsg.: G. Asser

Band 14 (1990): Korrespondenz Felix Klein – Adolph Mayer
Auswahl aus den Jahren 1871–1907
Hrsg.: R. Tobies, D. E. Rowe. Mit einem Geleitwort von H. Wussing